王敦煌 著

吃主儿

王世襄题

生活·讀書·新知 三联书店

图书在版编目（CIP）数据

吃主儿 / 王敦煌著. —北京：生活·读书·新知
三联书店，2023.9
（闲趣坊）
ISBN 978 - 7 - 108 - 07613 - 7

Ⅰ.①吃… Ⅱ.①王… Ⅲ.①饮食－文化－北京
Ⅳ.① TS971.202.1

中国国家版本馆 CIP 数据核字 (2023) 第 052917 号

责任编辑　卫　纯
装帧设计　薛　宇
责任印制　卢　岳
出版发行　生活·讀書·新知 三联书店
　　　　　（北京市东城区美术馆东街 22 号　100010）
网　　址　www.sdxjpc.com
经　　销　新华书店
印　　刷　河北松源印刷有限公司
版　　次　2023 年 9 月北京第 1 版
　　　　　2023 年 9 月北京第 1 次印刷
开　　本　850 毫米 × 1168 毫米　1/32　印张 10.375
字　　数　197 千字
印　　数　0,001－6,000 册
定　　价　45.00 元
（印装查询：01064002715；邮购查询：01084010542）

出版说明

为继承中国现代文明传统，追慕闲情雅致的文化趣味，自二〇〇五年起，我们刊行"闲趣坊"丛书，赢得读者和市场的普遍认可，至今已达三十余种。这套书以不取宏大叙事、不涉形而上话题为原则，从现当代作家、学人的散文随笔中，分类汇编，兼及著述，给新世纪的中国读书人提供一些闲适翻看的休闲读物。

"闲趣坊"涉及二十世纪以来文化生活的诸多面向：饮食、访书、茶酒、文房、城乡与怀旧，表现了知识阶层和得风气之先者，有品位、有趣味的日常，继而通过平凡琐事，映射百年中国的人情世态，沧海桑田。"闲趣坊"的精神内核不在风花雪月，而是通过笔酣墨饱的文章，倡导一种朴实素雅、温柔敦厚、不同流俗的生命观，是对三联书店"知识分子精神家园"意涵的解读与发扬。

在日新月异的今天，我们认为正视和尊重这份价值仍有必要。希望新版"闲趣坊"能够陪伴新一代读者，建设"自己的园地"，有情、有趣、有追求地生活。

生活·讀書·新知三联书店

二〇二三年四月

目 录

引 子

　　我还纳了闷儿了，这家里做饭买菜的事还能写书，写完了谁瞧呀？这书可又怎么写呀？

　　那是春节长假中的一天，当年的老街坊大刚来访，给父亲送来点儿什么东西。我和他也多年没见了。送他走的时候，他让我写一本关于餐饮方面的书。他说得倒轻巧，什么你就写写你父亲怎么做饭，张奶奶、玉爷怎么做饭，你怎么做饭；你在饭馆吃过什么饭……写成《老饕漫笔》那样儿的，可读性强，写出来准保有人爱看。

　　《老饕漫笔》是赵珩先生所著，作者和我算是同辈人。赵先生的大作，我确实认真拜读过。他在书中提及的那些铺子，我几乎都知道；那些吃过的东西，有很多我也吃过。他提及的那些人物，有相当部分我也都认识。可是我和赵珩先生不一样，我小时候没怎么上餐馆吃过饭。

我从小儿就不爱到馆子吃饭，倒不是没人带我去，刚上初中那会儿，有一段时间父母每个星期日都上外头馆子吃饭。我哪儿去呀？临出门就找不着我了。什么"康乐""五芳斋"，这个楼那个馆的，有什么好哇，我就去过一回，不就是烹大虾、桃花泛吗？还有什么翡翠羹，有什么可吃的？还不如在家随便吃点什么，不比那几个菜好吃！去烤鸭店？我更不去了，那鸭子那么腻，还有甜面酱，我自小儿就不爱吃甜面酱，也不爱吃烤鸭。也许是十一二岁，青春期在我身上的反应吧，越让我上哪儿，我越不上哪儿。这些品尝的机会都让我一一错过了。

真正吃馆子，还是更小的时候祖父带我去的，但那印象就太浅了。我那时毕竟太小了。可祖父带我去公园赏花、去戏园子听戏、看杂耍、看马戏，怎么印象那样深刻？馆子有什么值得记忆的，做的也和家里差不多，有的还没家里做的好哪，也就是热闹热闹眼睛。

到了我能够自个儿上街的时候，不管上哪儿玩去，多晚，也必得回到家再吃饭。

『吃主儿』

虽然我的祖籍是福建，可是我出生在北京。这辈子除了上山下乡那几年不在北京之外，几乎没有离开过北京，是一个只有祖籍是福建的北京人。

祖籍对我来讲既遥远又陌生，因为我既没有去过福建，又不会讲福建话。

我们家

在我的家庭里又岂止我是这种情况，我的父亲王世襄也是出生在北京的，他也是一个只有祖籍是福建的北京人。父亲只有一点和我不同，那就是他于一九八四年冬季去过福建。但是，他去的目的一不是去寻亲，二不是去拜祖，而是参加全国政协组织的政协委员参观考察活动。

这个家庭举家迁往北京是几辈儿前的事了。我的曾祖父系清朝翰林，曾任陕西、山西巡抚，四川、两广总督，工部尚书等职。

到了我祖父这一辈，他在宦海旋涡中沉浮，对官场的险恶体会入深。这位早年毕业于南洋公学、跻身于洋务圈的外交官，在派驻国外使节任满回国之后不久，就脱离了官场，应朋友之邀，在一家外国驻华公司供职，从此再未涉足过官场。祖母早年留学英国，进修西洋美术，为民国期间著名的女画家。

我出生时，祖父已经退休，祖母已去世七年，家里的佣工也只剩下玉爷、张奶奶两人。玉爷服侍祖父和照应家中一切杂事；张奶奶则负责买菜做饭，为家中的厨工。我出生不久母亲患有肺病，需要隔离休养。在这之后不久，父亲又被当时他所供职的机构派往国外。经家里商量，决定由玉爷在服侍祖父的同时也带我。从我记事起就和玉爷住在祖父寝室相邻的一间屋子里。

我是在与玉爷、张奶奶两位老人家的接触中步入人生的。在和他们朝夕与共之中了解了这个家庭，了解了北京。我家的往事，老北京的逸闻掌故、文化历史、饮食习俗，以至我那一口纯正的老北京话，无不是来自他们的口中。

玉爷和张奶奶

玉爷和张奶奶不是我的亲爷爷、亲奶奶，但他们却是我们家庭中不可分割的一员，是我最可依赖的老人，是我最亲近的长辈。

玉爷的名字叫赵玉麟。玉爷这个称呼是除祖父之外，家里所有的人对他的称呼，而祖父叫他玉子。

玉爷是祖居北京的旗人，他的旗籍是正蓝旗。我之所以知道他的旗籍，完全是在不经意中。在我到了能跑会跳的年龄，整天就知道前院儿、里院儿地疯跑。玉爷想让我在屋子里踏实一会儿，办法只有一个，就是和我下棋。我最喜欢下的是军棋，因为我可以随意改变下棋的规则，可以每盘都不伤一兵一卒，大获全胜。下棋的时候我一定是要红的，那是因为玉爷当初教我下象棋时说的一句名言："红先蓝后，输了不臭。"张奶奶看见我们下棋也帮着我说话，说玉爷用蓝的正合适，他就是正蓝旗的。我就这么知道了玉爷的旗籍。

玉爷的老辈儿是干什么的我不知道，因为玉爷这个人别扭，别瞧他平常说什么都成，可就是对自己的家世闭口不谈，只知道在他出生时，家道已经败落，生活窘迫，入不敷出。清朝灭亡之后，那赖以生活的铁杆庄稼（俸禄）没有了，生活更加拮据。迫于无奈，十六七岁就以拉洋车为生，后经人介绍来到我家。刚来时就是一名听差，偶尔也替家里的车夫出几趟车。因为他任劳任怨，办事得力，深受祖父信任，几年后便成为祖父的近随，负责诸多事宜。

张奶奶年长玉爷七岁，也是祖居北京的旗人。

我小时候，老人家不止一次地对我说过，她家的家族属于哪一个分支，老姓儿姓什么，祖上哪一辈儿哪个人是铁帽子王，哪个人做过中堂，那个人叫什么名字，这是什么年间的事，和谁同任，等等。又说起她家是随龙入关的上三旗（正黄旗、镶黄旗、正白旗），她家的旗籍是……

每当这时，我总是胡搅蛮缠，一再追问为什么黄旗子有香（镶）的，也有不香（镶）的，白旗子为什么没有香（镶）的，只有不香（镶）的，那香的黄旗子是什么香味……目的无非是把话题岔开。

我也曾苦思苦想，但是我只能回忆起当时张奶奶给我讲这些事情时的情景，却无法回忆起当时讲的内容，所回忆到的只是那些支离破碎的片段，无法把它们连贯起来，这是任何时候都会感觉到的一种缺憾。因为，我再也无法知道老人家讲述过的这一切了，这段往事将永远带着疑问存在我的脑海中了。

张奶奶娘家姓孙，张是夫家姓。她出生后虽然已经家道中落，但还是锦衣美食，生活奢华。她小时候与兄长同去学堂读书，聪颖好学，以为乐事。不想十来岁时，她的父亲以"女儿无才便是德"为由强行中断了她的学业，让她深闺待字，按旗下人对女子的要求训练女红、待人处事和繁复的礼仪，厨间灶旁更是要紧的功课，必须掌握出众的厨艺，以免日后遭夫家耻笑。

如此两年，有人提亲嫁给门当户对的张姓夫家。成婚之日，清朝已亡，夫家和娘家均没什么进项，但是依靠殷实的家产仍可以衣食无忧。可是父、兄、夫都嗜好鸦片，不几年工夫，数百所房产、店铺连同家中一切细软、古董字画，以及一切可变卖之物全部化为鸦片烟雾腾空而去，荡然无存。女儿四岁因病早夭，又过了一年半载，父、兄、夫相继去世。

为求生计，她子身出外谋事，几经周折，于我祖母去世前三四年来到我家。

什么人算"吃主儿"

父亲治馔有独到之处，会买、会做、会吃，怎么好吃怎么来，是有名的"吃主儿"。

一九八三年十一月，第一届全国烹饪名师技术表演鉴定会在北京人民大会堂召开。他和溥杰、王利器先生一同被大会组织者特邀为顾问。他还为中国财政经济出版社出版的《中国名菜谱·北京风味》《中国名菜谱·福建风味》作序；由北京三联书店出版的父亲的自选集《锦灰堆》中，也收入了他多年来关于餐饮方面的文章多篇。

玉爷、张奶奶和我的父亲一样，会制作各式各样、不同口味的东西，甜品、小吃、饮料，涉及方面之广，并非一般会炒几个菜的人可以比拟的。

他们三位，都是"吃主儿"。

在当今社会上，人们把精于品尝美味佳肴的人称为"美食家"。"美食家"这个称谓是个尊称，一般来讲没有自称的，必须得到社会认可。

您想，就跟"吃"有关，愣成名成家了！怎么着也得有丰富的阅历，对饮食文化体会入深，还得见多识广，对各地的名厨名馆了如指掌，对美味佳肴品评得头头是道，要不然，怎么称得上"精于品尝"呢？可是，光凭这几样似乎还欠点儿，还得具有深厚的文化底蕴，对于名馔的由来以及历史渊源，能够引经据典加以考证，显示出深邃的内涵。唯有做到这一步，才能体现出大家风范。

"美食家"是个新词儿。当这个词儿尚未问世以前，在北京就有一些人被人们称为"吃主儿"。

"吃主儿"无非就是吃过见过、好吃会吃、会买会做。凡这样的人，有被别人称为"吃主儿"的，也有自称的，绝对不会引起任何非议。

如此看来，美食家似乎都可以称之为"吃主儿"，并且是其中的佼佼者。其实不尽然，因为"吃主儿"必须具备三点，就是会买、会做、会吃，缺一不可。

因为制作任何美味佳肴，选料很有讲究，除了辨认是否鲜嫩外，还得知道某种原料它适合制作哪几款菜肴，或者说要制作某种美味佳肴，要选用哪一种原料，这种原料在一年四季之中什么时候品质最好，这种原料应选用什么地方出产的，它的规格有什么讲究，在市场上怎样去选购；它还需要用什么配料、什么作料、什么调味品，它的配料、作料、调味品同样存在着品质、产地等一系列问题；做某款菜肴，是现买现做，还是需提前购买……这才叫"会买"。

买来之后，怎么拾掇，怎么洗，怎么择，怎么切；怎么做，按什么方法做，才能达到最好的效果；在制作过程中是煮还是蒸，是炒还是炸；它要求什么火候，用的是旺火还是微火，还是旺火、微火交替，烹制多长时间，怎样掌握……某款菜外面馆子怎样制作的，做得好不好，觉得好该怎样学；觉得还不合自己的口味，怎么才能把它改成自己认可的美味佳肴……这才是"会做"。

做好之后，是直接吃，还是要晾凉了再吃；什么菜肴在什么季节吃，在什么场合下吃，有什么禁忌没有。用于宴席，哪几款菜可一起入席，哪些菜不可同席入馔；哪款菜应该先上，哪款菜压轴或是半中腰上；是盛盘上桌，还是整锅上桌；吃鱼怎样吐刺，吃虾怎样剥皮儿，吃蟹怎样把蟹肉剥出来……这才算"会吃"。

如果某位美食家只是精于品尝美味佳肴，只会动口不会动手，那么这位美食家只是一位当之无愧的美食家，而不能属于"吃主儿"之列。

以上所说的还只是作为"吃主儿"的最起码的条件。如果再往细了说，所涉及的内容、所要达到的标准可就更多了，就这样解释来解释去也不容易讲明白。

我从小和"吃主儿"生活在一起。如果我讲述一些他们的故事，他们的治馔方式、治馔准则以及他们的烹饪手段，这个问题就不那么费解了，您也就能从这些实例中了解"吃主儿"到底是什么样的人了。

有钱看不见烧饼大

玉爷和张奶奶不是一家人。玉爷和我同居一室，张奶奶则在厨房相邻的那个小跨院儿里居住。每天他们一起在厨房吃饭。三餐的费用由祖父支付，但是各人所需要的其他东西却是由他们各自购买和添置。就说茶叶吧，除了祖父和到家造访的客人送给他们之外，日常所喝的茶都是各自购买。

玉爷爱抽烟。祖父的朋友有的时候送给他像加立克牌、三五牌的听装香烟，而平时玉爷自己抽的都是他自己买的烟斗牌烟丝。玉爷喝茶不讲究，可是他不喜欢喝红茶，他说红茶不是味儿，实在没茶叶时宁可喝开水也不喝红茶。他所买的茶叶是被称为"高末儿"的茶叶。张奶奶说，这是茶叶铺倒货底儿时把各种档次的茶叶掺在一起，喝着有点好茶叶味儿的碎茶叶。她本人可是从来不买这种茶叶，就是买得再少，也得买有一定品级的茶叶。

张奶奶不抽烟，可她却有三个水烟袋，有两个是白铜的，一个是黄铜的。其中有一个水烟袋里还有水烟丝，那是极细的颜色发红的烟丝。张奶奶告诉我，这种水烟丝是产于云南的皮丝，是水烟丝中最高品级的烟丝。这三个水烟袋平时都收在她的樟木箱子里，时常在没事儿的时候拿出来擦擦看看，可是张奶奶却一次也没抽过它。

我不止一次把水烟袋拿在手里玩，可是玉爷从来没有碰过它们，而且每次我把水烟袋抄到手里的时候，玉爷都让我拿住了，千万别把它们掉在地上摔坏了，还恨不得走到我跟前让我注意。张奶奶本人却从来没管过我。后来我听张奶奶说，这三个水烟袋原来分别属于她的父亲、兄长和丈夫。那是她的念想儿。在大炼钢铁的年代，胡同儿里也建起了土高炉，各家各户往出捐废铜烂铁。家里的铁蒸锅、铜洗脸盆全拿出去炼钢去了。这三个水烟袋还静静地躺在那个大樟木箱子里，保存得好好的。但是它们却没能永远地保存下来，在"文革"初期的一天，被砸、被毁、被丢弃。

张奶奶、玉爷每天的早点通常是喝茶吃烧饼。烧饼是玉爷在胡同口儿外周家烧饼铺买的。

玉爷吃早点简单极了。他用那个带盖的大茶缸子，沏上一缸子茶，闷开之后，稍稍晾晾，能喝的时候一边喝茶，一边咬着烧饼，吃完两三个之后，把茶缸子放在桌子上就忙别的事儿去了。

张奶奶则不然，她先将一把极小的茶壶用热水把它里外都涮一遍。然后往壶里抓茶叶，比一般沏茶至少多一倍以上，用开水酽酽地闷上它，这叫茶卤。另取出一个大茶壶也得用开水里外涮好了，灌上开水。再把茶碗拿出来，同样用开水里外涮一遍。静候一会儿，等小茶壶里的茶卤闷得了之后，倒在茶碗里一点儿，再用大茶壶的开水续上。从碗柜里拿出瓷盘子，把烧饼放在瓷盘子里，不慌不忙，细嚼慢咽。

她一边吃着早点，一边给我讲故事。她讲的故事可多了，其中有一个我不但听她讲过，也听玉爷讲过。这是一个关于吃烧饼的故事。故事是以"有钱看不见烧饼大，没钱净看见大烧饼"为开头语的。说的是旗人在清朝灭亡之后，生活已无着落，有了上顿儿兴许就没有下顿儿。偶尔余下几个小钱儿，想买个烧饼解解馋，看见烧饼铺里卖的烧饼，个顶个儿的都是小烧饼。要是买，也太不值了，横是也没舍得买。而在某日身无分文的时候，饥肠辘辘地路过烧饼铺，看着那个顶个儿的大烧饼，想买又没有钱，干瞧着就是吃不到嘴里。

这可能是旗人在清亡之后一种无可奈何心态的表露，似乎也只能用这种方式向人们诉说他们心中的一种哀怨吧。

有的时候，张奶奶早点不吃烧饼。她从自己的寝室捧出一个漆捧盒，拿出一两块儿花糕。每当这个时候，我知道九九重阳节又到了。那一天我也得吃花糕，但不是在早点中。那时候家里还有吃午点的习惯，每天下午三点半，祖父都要吃午点，通常是一杯加奶的红茶，一两块儿茶点。过年、过节或到了什么讲究的日子，都要食用应时的点心，八月节的月饼、五月节的粽子、九月节的花糕，还有什么节什么节的我也记不住了，因为我对节令的食品不感兴趣，尤其是九月节的花糕，两片儿一合当间儿有点馅儿，边上夹着冰糖、青梅、山楂糕，还有香菜叶，这叫什么点心呀，还不如吃萨其马呢！

张奶奶却很重视这些个节令，必须要吃那些节令讲究吃的东西。

她吃点心时从来不让我，可是每次都会让玉爷。玉爷每次都是婉言谢绝。他在这种时候常说的一句话是这样说的："张姐，偏您了，上面还有事儿，我先忙去了。"说完之后，再站上一会儿，才转身迈出房门，上祖父那儿去了。这句话属于老北京话，用于别人让自己吃东西的时候，非常客气的推辞语。"偏您"，意思是张姐您自己吃吧，不要再让我了。而后两句无非是为离开这里找的理由。至于说完了还要站一会儿，表示是真心地尊重对方的意思。

如果是一位假让，一位真想吃，看这意思实在没有可能吃上了，也可以用这么一句回答，说完就走，表明了我知道你假让我，给你拽过一句话去，心说了，你甭跟我来这一套。说话的语气也和玉爷的语气不一样。

玉爷对张奶奶的推辞我见过无计其数次了，但是只有在元宵节时不推辞，因为，正月十五那天是张奶奶的生日。

每年的那一天，张奶奶的本家弟弟都要带着五斤元宵来看她。姐弟俩在屋里要聊好一会子话，谁也不知道聊的内容。本家弟弟走的时候，张奶奶必定把他送到街门外，掏出三十块钱交给他，让他当车钱用。她弟弟的推辞是没有用的。张奶奶每次都是硬塞给他，甚至替他放在兜里，还嘱咐他带好了，别让"小俚"（小偷）摸了去。

那一天，张奶奶要煮一天元宵，还要给我和玉爷各盛一碗。张奶奶自己不但三顿都吃元宵，还要吃打卤面。玉爷不但接受张奶奶让他的元宵，还要盛一碗面，一边吃一边夸，面抻得好，卤打得好。吃完一碗后，明明吃不下去了，也要再挑上一箸子面，宽宽地浇上卤，坐在门外的凳子上，还不住嘴儿地说：这面可真好吃，张姐，我又挑上了。玉爷也真够逗的，他把吃张奶奶做的面，叫作给张奶奶"挑寿"。

这一天我也给张奶奶挑寿，不光是这一天，接长不短我都要给张奶奶"挑寿"。我小时候，每天中饭和晚饭都是和祖父一起在饭厅里用餐。吃完饭以后，再和他在饭厅里聊一会儿天，祖父就回房休息去了。我目送着他回房进了屋门，就从饭厅里溜出来一拐弯儿进了厨房找玉爷、张奶奶去了。每次都能赶上他们吃饭。

我可是有备而来的，早在开饭前我就去过厨房，和张奶奶、玉爷聊天的时候就打听好了他们今天吃什么饭。如果又是那美味的面条儿，我必定会在吃饭时比平时少吃点儿，留点儿富余，好在这会儿去厨房给张奶奶"挑寿"。

玉爷、张奶奶平时的中饭、晚饭虽说是五花八门，既可能是吃米饭、烙饼或馒头，接长不短也要吃面条儿。而每次吃的面条儿都是制作方法不同、口味各异的美味。除了其中不喜欢吃的以外，其他各款都具有不可抗拒的诱惑力。

最容易学会的是你最喜欢吃的菜

正因为我从小爱吃这些面条儿，所以从很小的时候就对这些面条儿的选料及其制作方法有详尽的了解。长大以后，终于有一天在张奶奶的指导下进行了实际操作，把我喜欢吃的无论是氽儿面、卤面、喂氽儿面、打卤面、芝麻酱面都学会了，并且做得得心应手。

芝麻酱面和芝麻酱拌菜

在这些面中，芝麻酱面可是太好吃了。这个面可以无师自通，因为它太好做了。只需要把芝麻酱用筷子挑出一坨子搁在碗里头，加上点儿盐，再加上点儿凉开水，用筷子顺着一个方向搅动把它澥开，再搅一搅，芝麻酱又变稠了，这时再加点儿凉开水接着搅，反复多次，直到了能拌面的程度就行了。再用几根嫩黄瓜切成细丝儿。

这嫩黄瓜挑的时候，甭看它前端，先得用手捏捏它的尾巴儿，看硬不硬，如果硬实，这条黄瓜就八九不离十了。这是玉爷手把手教给我的。这几根黄瓜就是早起和玉爷出门儿的时候，我从筐里挑的，玉爷都没再查查就把它们放在兜子里了。我很得意。再来几瓣剥了皮儿的新蒜，这边的活儿就齐了。那边张奶奶的面也快抻完了，一会儿就该煮上了。那芝麻酱还欠点儿，我赶紧再搅搅去，多好玩儿呀。

我自小儿就对芝麻酱有特殊的爱好。虽然也爱吃芝麻酱糖饼、芝麻酱花卷儿，但更爱吃的是芝麻酱面条儿。这澥开的咸芝麻酱还可以用来制作凉拌菜，像"芝麻酱拌黄瓜丝""芝麻酱拌扫帚菜"。

这扫帚菜是一种野菜，可是一般北京人都爱在家里种上几棵。这不是嘛，家里种的那二十来棵，都是玉爷去齐化门（朝阳门）外找他的朋友淘换来的籽儿种的。春天的时候种在花池子边上，到了初夏就长出扫帚菜苗儿来了。玉爷带着我把嫩尖儿掐下来，先洗干净了再用水一焯，用这种芝麻酱一拌，再往里头加点儿蒜泥，甭提多香了。张奶奶说，吃的时候还能加点儿醋，也好吃。

芝麻酱能拌的菜可多了，什么"芝麻酱拌苣荬菜""芝麻酱拌菠菜"……这苣荬菜是北京以前特别常见的一种野菜。在田边、地角、菜地的沟沿上那可多了。它还不怕盐碱，在盐碱地里长得好着呢。玉爷说这个菜有点儿苦，听老人儿说它能凉血。要是把它采回来用水洗干净了，用开水一焯，再加点儿蒜泥，也是一味鲜品。可是我可不管它凉血不凉血的，它也忒苦了点儿，我不爱吃。张奶奶发话了："你不爱吃，归我。你尝尝这个拌菠菜。"

芝麻酱拌菠菜可比刚才那个能凉血的好吃多了。刚上市的嫩菠菜，洗干净了，红根儿都不用去，那红红的菜根儿，经水焯后，拌出来还有一股甜味儿。拌得了再加点儿蒜泥，再来点儿醋，搅和两下，甭提了，那个好吃呀，没挑儿！

炸酱面

"炸酱面"我从小就不爱吃。我只知道张奶奶做炸酱用的是一半儿甜面酱一半儿黄酱，做的时候要加糖，但是也要加点儿盐。用的肉是肥瘦肉丁儿，配葱末儿、姜末儿，炸的时候不加水，讲究小碗干炸。

父亲做炸酱全用甜面酱，加盐一点点，还要加大量的糖。用的肉是肥瘦肉末儿，也配葱末儿、姜末儿，炸的时候，如太干就稍加点儿水，也是小碗干炸。

他们二位都对自己制作的炸酱颇为满意。据父亲所说：黄酱太咸，用甜面酱我还得加不少的糖哪。而张奶奶说：甜面酱倒是甜，可是它没有黄酱的香味儿，要嫌它不甜，再加点儿糖不就得了吗？至于他们都要在炸酱里加盐，那是因为他们二位都把握着制作中国菜的一个宗旨，这个宗旨就是盐是万菜之本，在烹饪界有一句名言谓之"无盐不成菜"。

这两种不同的做法，就让张奶奶麻烦点儿。要是和玉爷一块儿吃炸酱面，就用一半儿甜面酱，一半儿黄酱炸。要是给父亲做炸酱面就用甜面酱肉末儿炸，做出来的简直就是父亲作品的翻版，实属不易。

可是甭管他们怎么做，因为我从小儿就不喜欢吃酱，且不管是黄酱还是甜面酱，是加糖还是加盐，甚至因为不喜欢吃酱而殃及不喜欢吃"酱爆肉丁"和"酱爆鸡丁"，更为甚者，因为不喜欢吃酱也不喜欢食用"烤鸭"。

其实，这也没有什么不好理解的，每个人的口味都不尽相同。倘若是口味都相同，又哪儿来的那句名言"众口难调"呢？好在玉爷、张奶奶对我倒比较理解，而在他们二位老人之中，张奶奶的说法似乎比玉爷更深刻一点儿，那是在日后我想和她学习烹饪的时候说的。当时我对烹饪很感兴趣，我请教张奶奶：什么菜最好学？我最先应该去学做哪一款菜？张奶奶答复我的话很有意思，并且有很强的哲理性。她说的意思是这样的：学做菜，这个菜好做不好做只是一个方面，而最容易学会的、学得最好的是你最喜欢吃的菜。因为你喜欢吃这种东西，对这种东西的味道你就会有深入的了解，你制作时就可以比较。再费劲、再麻烦，你也不会觉得冤。这次没做好，不要紧，把你做的东西和你喜欢吃的东西做一下比较，再改正，下回没准儿就做得像那么回事儿了。要是你不喜欢吃的东西，它做得再好，你不是也不爱吃吗？再让你去做，那可就难为你了。你也比较不出来你做的东西有哪点儿不好，还需要再改点儿什么。这样的菜你干脆就甭学，甭费那个劲！

记得在我上初中的时候，去启功先生家里玩，当时我问启伯伯，要练字儿应该先从哪家的法帖入手？启伯伯对我说，你先不忙学哪家的字，你先把各家的法帖翻一遍，你最喜欢哪篇，你就去临哪篇，准会事半功倍的。

二位老人虽然说的事并不相同，但是其中的道理却是相通的。他们的语言之中无不体现了"依我所好，为我所用"的原则。

做什么样的东西用什么样的料

当年，张奶奶教我制作的面条儿中，有这么一款，既可以把它做成热汤面，又可以把它直接作为汤菜，这种做法就是"喂氽儿"。在我小时候，这种吃法非常普遍，是属于一种尽人皆晓的家常面。用这种做法做成的热汤面叫作"××喂氽儿面"，做成的汤菜则叫作"××喂氽儿"。

做这两种东西都离不开"喂"。那么什么叫"喂"呢？"喂"的意思就是用酱油、盐、葱末儿、姜末儿、香油、味精等作料和调味品调到肉里头，使肉入味。现在的北京人仍然把调制饺子馅儿称为"喂馅儿"。

可是提起"喂氽儿"，相对而言，知道的人就少多了。其实这个"喂"字的含义还是一样，就是用那些个作料和调味品调到肉片儿里头，使肉片儿入味。至于后面那个"氽"，则是放在沸水里稍微一煮。整个操作程序分为两步：先"喂"后"氽"。那么如果做"氽丸子"，按操作程序和前者完全相同，是不是也可以称之为喂余呢？当然是不行的。因为按照北京人的观念，喂余儿所喂的肉是肉片儿，而余丸子所喂的肉是肉馅儿，所以余丸子是不能叫作喂余儿的。

按老北京人的口味，制作喂余儿所喂的肉片儿以羊肉为多，也有用猪肉片儿的，但不大可能用牛肉、鸡肉或其他肉。喂余儿，可以单独成为汤菜，也可以制成热汤面，往往彻底掌握一两种，做得得心应手之后，便可以举一反三，再喂点儿别的东西，再余点儿别的东西。某款自己从来没做过的"喂余儿"，只（北京土话读 zí）要别人说出它是用什么东西喂的，自己也能试着步把它做出来。在外头吃过一种自己从没做过的"喂余儿"，确实好，回家自己也能把它仿制出来。这种做法是在当时北京甚为流行的、比较容易掌握的烹饪手段和烹饪方法。

张奶奶在教我做喂余儿之前，先给我讲了一番话。这话我以前听她和玉爷讲过不少遍了，已经早就把它背下来了。可是她在这时候讲，和以前的寓意全然不同。如果仔细琢磨，这句话用于烹饪之中的寓意可太深刻了。

张奶奶坐在椅子上，慢条斯理地对我说：要想做好什么菜，会做，做得好是一方面，预备的料，是另一方面。料没有，没法做；料不好，有天大的本事也做不好。有句老话你不是听说过吗？"巧妇难为无米之炊。"这家的媳妇做饭做得再好，手段再高，没有米，那饭还做什么做？可就是有了米，这米是发了霉的米,是让虫子嗑空了的米,这媳妇再会做,她能做出好饭来吗?那也不能。所以,你要想做什么东西,怎么把它做好了,那是后一步。头一步先得把料给配齐了,配的料还得是合适的料。做什么样的东西讲究用什么样的料,这里头还不光是主料,就是配料、作料、调料都得合适,讲究可大了。

喂冷儿用的羊肉

就说这"喂冷儿"吧,讲究把肉喂好了,一冷就熟。要是一冷熟不了,或是熟了吃着跟牛筋似的,那也好吃不了。您想想羊肉里头什么样的肉一冷就能熟,吃着嫩哪?那就是用于涮羊肉的肉。

羊身上能用于涮的肉有五处,分别是"上脑"(肉质最嫩,瘦中带一点儿肥肉)、"大三岔"(肉质一头儿肥,一头儿瘦)、"磨裆"(瘦中带一点儿肥肉边)、"小三岔"(为五花肉)、"黄瓜条"(肉质较嫩,瘦肉上有一点儿肥肉边)。

以前张奶奶做羊肉喂冷儿用的羊肉要选用东来顺用于"涮羊肉"那样的肉。东来顺有自己的牧场,选用的羊是内蒙古集宁产的小尾绵羊,而且是被阉割的公羊。这种羊有个名字,叫作"羯羊"。一只羊出肉四十斤左右,其中能涮的部分只有十五斤左右。甭说现在市场上了,就是当年市场上也很难找到和东来顺自个儿牧场养的完全一样的羊。可只要是羊的大小合适,羊肉的部位选对,羊肉十分新鲜,而且是羯羊,这不就行了吗？

在选料时要注意买鲜羊肉，如果是冷冻的羊肉就差多了，因为它再化开也不容易一汆就熟。至于那五个部位，如果是在菜市场的清真柜台或是一些传统的清真店铺，出售的羊肉还是按照传统的分割方式分割，整后腿中不但包括这五个部分，还应该有羊里脊。但是如果不是在以上的地方选购羊肉，出售的羊肉也不按传统方式分割，也就没有了"整后腿"这个商品名，后腿只是名副其实的腿部，其中就不再包括上脑和里脊，只有四部分了。

在这里不能不提到羊里脊。这羊里脊是全羊的羊肉之中最嫩的部分，用它制作喂汆儿，不是也能一汆就熟，口感鲜嫩吗？那为什么把它剔除在外呢？

据张奶奶说，有两个原因，因为羊里脊和牛里脊、猪里脊不同，它只是细细的一条儿，肉质极嫩，切成片儿，入锅汆，下锅就熟，比其他部位熟的时间都短，要是一块儿汆，等别的肉片儿熟了，羊里脊已经老了，缩成极小的一团，吃着不但不嫩，还挺硬，也吃不出好儿来了。那么全用羊里脊行不行呢？不行！

"吃主儿"有自己的信条，他们认为如果用羊里脊制作喂汆儿，那简直就是暴殄天物。作为"吃主儿"，讲究的是"量材治馔，物尽其用"，全羊之中最鲜嫩的那点儿精华就这么用了，那是大材小用。羊里脊能做什么？它是清宫御膳菜"它似密"、清真名馔"芫爆里脊"中不可替代的原料，就这么随随便便给用了，就不心疼吗？这是不能用羊里脊做喂氽儿的第二个原因。

喂氽儿所选的羊肉还应该是有肥有瘦，而且要瘦多于肥。如果是肥多于瘦，氽出来的肉口感如何先不考虑，那一锅油腻腻的汤就先够您烦的。如果把所有的肥肉都去掉，虽然做出的汤也很鲜，那肉可就显得柴了。

还需注意的是，所谓可用的五部分肉，都是肥羊身上剔下的瘦肉。如果羊本身是瘦羊，就是选的部位再对，也做不出高质量的菜肴。

最后要注意的是用料有度。以一砂蛊子煮好的面来说，羊肉的用量只在半斤左右。如果少于半斤，按老北京话谓之"寡"，说的是做出来的东西淡而无味，清汤寡水。如果多于半斤，一是影响氽时的肉嫩程度，二是肉多，余下的汤必然变稠，没有一点儿利落劲儿不说，满蛊子全是"内容"，既费料又不好吃。

先"喂"

具体制作是这样的：把羊肉买回来之后，要先把选用那五部分周围边边沿沿不属于以上部位的部分剔除，再用手在肉上捏一捏，把羊肉铺剔肉时残留在肉上的脆骨、骨膜、碎骨、筋膜一一剔除。然后，放在冰箱里镇一段时间，把肉冻僵后再切。冻的程度以肉纤维间有微小的冰晶为度，这样下刀既不费力，又容易切成极薄的片儿。如果冰镇时间过短，切成薄片儿不大容易；冻的时间过长、温度又偏低，则把肉冻成硬邦邦一块，根本无法下刀。

大葱去叶去根再多剥几层皮切成葱末儿，鲜姜去皮切成姜末儿，放在肉中，加盐、酱油调味，加味精少许后倒入香油，用筷子搅拌。注意不要把肉片儿搅碎了。拌匀后置放二十分钟至半小时使肉入味。这个入味的过程就是喂氽儿中的"喂"。

再"氽儿"

根据所氽的汤决定喂氽儿的名称。

把喂好的羊肉放在冬瓜汤里谓之"羊肉喂氽儿冬瓜"，放在萝卜汤里则叫"羊肉喂氽儿萝卜"，放在煮好的面条里当然就是"羊肉喂氽儿面"了。

以上三种都不甚难做，只需把要煮的东西煮得将熟的时候，趁着开锅，把喂好的羊肉片儿下入，用筷子搅动，使肉片儿分离、散落、舒展均匀受热，以断生为度，立刻离火即成。

在这一操作程序中要注意这么几点：搅动不要过猛，否则肉片儿会被搅碎；再有肉片儿必须被迅速拨散，否则已散开的肉都煮老了，团在一起的还没接触到沸水；在煮制过程中不能离火过早，这样嫩是嫩了，恐怕对健康不利；若是总怕不熟，煮的时间过长，肉片儿已煮成牛筋状，就没法食用了。

以上所说都是在氽制过程中应注意的要点，如果把这些都做到了，"氽"这一步就没什么大问题了。

但是张奶奶指出，光掌握"氽"也未必就能做出地道的汤菜来，还和煮汤的选料有密切关系。比如挑选喂氽儿用的冬瓜，讲究就大了。冬瓜在市场上不是难买之物，品种也有好几种。但是能用于制作本款汤菜的冬瓜只能是每年五月间上市的矮冬瓜，而且也并非在它上市的全过程中都能用，从上市到下市掐头去尾，一年中也不过就有两个来月能用，选用标准颇为严格。因为只有符合这种条件的冬瓜才能入馔于老北京人讲究吃的羊肉喂氽儿冬瓜。

羊肉喂氽儿冬瓜

这种矮冬瓜每年四五月份开始上市。最初上市时，个头儿小不说，还太嫩。若是把它切开两半儿看，映入眼帘的是两个实心的，仿佛切开一个白瓤的小西瓜，要想分清瓜皮和瓜瓤都不容易，又怎能做到去皮、去瓤呢？五月中旬以后，矮冬瓜单重五斤以上了，瓜皮上已经泛起了白霜，瓜顶向下凹陷。凹陷窝里的瓜蒂连着一段绿色的瓜蔓，凹窝里头、瓜蔓周围，竖直长着有间隙又比较密集的尖刺，如果不管不顾贸然把冬瓜提溜起来，极易把手指扎破。只有此时的冬瓜，才是制作本款汤菜的合适入馔选料。

把冬瓜买回去之后，两只手捧着先放在水龙头底下用水冲冲，洗下沾在冬瓜上的泥，再用双手把它捧起来立在砧板旁边。用双手捧着冬瓜是怕被冬瓜上的尖刺扎着手，把它放在砧板旁边是因为这种冬瓜还是相当嫩的嫩冬瓜，瓜顶的干花还沾满泥土，冲洗时虽然把它抠下去了，但是整瓜并没有透洗，直接把它放在砧板上，就把砧板弄脏了。此时用刀从瓜蒂的旁边竖直下刀把它剖成两半儿，整个瓜蒂连着瓜蔓在其中一半儿上。先用刀把凹窝周围带尖刺的皮连同瓜蒂以及瓜蔓从冬瓜上挖下来。另一半儿也在相同的位置入刀，把顶部带有尖刺的瓜皮挖下来。小心地捏着这两块挖除的部分把它们扔掉。

玉爷、张奶奶说过，要让冬瓜扎着手，就是在两个时候，一个是在菜摊上挑冬瓜的时候，一个就是这时候。

这步做完了之后，可以放心大胆地把冬瓜竖起来用刀竖着分成几大块瓜牙儿，这时候再用刀把那些大块儿的瓜牙儿改切成窄牙牙儿，把冬瓜籽掏干净了。

这些切成的窄牙儿，每条的形状都是弯弯的，如果任意把一牙儿平放在砧板上，就能看见瓜牙儿的弯度有点像大写的英文字母"J"。这倒不错，切冬瓜还能学点外文。

这条冬瓜牙儿，上端和下端厚度相差甚多，上端厚，下端薄。逐条把冬瓜牙儿抄在手里，用小刀把瓜皮片下去，入刀要狠，要深入瓜肉儿，硬皮儿一点儿不能留，只留下白色的嫩瓜肉儿。去完瓜皮之后，再用刀把瓜肉内侧白色软质瓜瓤儿全部挖净，把所有的瓜牙儿都削挖完了之后，过水把它洗洗，放在砧板上，再改刀切成菱形小块儿，放在大菜碗里。

一个五斤左右的冬瓜，切成的菱形块不过两平碗，伤耗之大，可想而知。到了这时候您一定明白了把冬瓜切成窄牙儿的原因了。只有把冬瓜切成窄牙儿，才能在里外去瓤去皮的时候把瓜肉儿尽可能地保留下来。如果牙儿切得过宽，瓜肉儿势必随着瓜皮和瓜瓤儿被刀削下去。作为"吃主儿"来讲，干什么事，既要讲究，又不能糟践东西。挺别扭的吧？

等到冬瓜慢慢长老了，通体的白霜，瓜皮的颜色也变得发白了，瓜子变得非常饱满了，也就过了用它制作喂余儿冬瓜的时候了。此时的瓜皮变硬，瓜瓤儿在瓜膛里充分地长开，瓜肉儿变得松脆，如果再用上面的操作方法削制瓜肉儿就更加困难了，以至削不出整条的瓜肉儿。这还是次要的，最主要的是瓜肉儿已失去了嫩冬瓜那股清鲜的香味儿，再做出汤来，味道也远不如前了。如果再想吃这口儿，您就等到来年吧。

羊肉喂余儿萝卜

制作羊肉喂余儿萝卜比起上款汤菜就容易多了。虽说容易，选料却含糊不得。选用的萝卜必须是春天上市的条状小红水萝卜。其他品种的萝卜，包括质嫩口甜的白象牙萝卜、小红算盘珠萝卜，都不能用于本款汤菜。

在选购这种萝卜的时候，亦有严格的要求，要选春天刚上市带着缨的小红萝卜。再过一段时间，市场上会有大量的无缨小红萝卜上市。这时的萝卜头的价格比前者便宜多了，而且无缨也不会占分量，但到了这个时候，小红萝卜已逐渐长老了，在一堆之中有的已经糠了，即使是还没糠，萝卜的表皮和萝卜肉之间已形成网状筋质且硬的内皮，它的鲜味儿已大减，这时再选用已经不合适了。而刚上市时的小红萝卜相当嫩，把外皮去掉，硬质的内皮尚未形成，或是刚刚形成也只是薄薄一层。把皮去掉之后，萝卜肉质嫩脆甜。

至于要买带缨的萝卜，牵扯的则是保鲜的问题。有缨的萝卜水分充足不蔫不糠、品质最好。像这么嫩的萝卜如果没有缨子，萝卜内的水分极易散发，通常不过几小时就会变蔫。真要是高品质的萝卜，谁不愿卖个好价钱，又何必把缨子去了呢？可是得注意的是，在小红萝卜上市的全过程中，市场上几乎都能买着带缨的小红萝卜。稍有买菜经验的人都知道，挑选带缨的小红萝卜不但要看萝卜，还得看萝卜缨。只有萝卜缨还很嫩，嫩到能用萝卜缨做凉拌菜吃的那种小红萝卜才是嫩萝卜。缨子已茁壮长大，甚至中间都长出薹来了，这缨子下面的萝卜当然也就不嫩了。

制作羊肉喂余儿萝卜，以制作一砂盉子为度，需要两捆符合要求的小红萝卜，冲洗几和，泥沙尽去，去皮，切成薄片儿，煮汤备余。煮时注意火候，这萝卜很嫩，切的又是薄片儿，时间稍长，会把萝卜片儿煮碎了。按北京人讲话，这叫"煮飞了"。时间过短也不行，萝卜片儿尚未煮透，就把喂好的肉下进去了，肉片儿熟了，萝卜片儿还有硬感，也没法吃。再有就是力求把萝卜切成一样薄厚的片儿，否则煮制时熟不到一块儿。

制作喂氽儿的汤菜，还有一个关键问题，那就是放盐，"无盐不成菜"，加盐是必需的。张奶奶在指导我进行这步操作时说，以上两款汤菜，包括再氽别的东西的汤菜，要把汤做得鲜，这鲜是哪儿来的？时令鲜蔬也好，羊肉片儿也好，加了葱、姜、香油也好，怎样才能有鲜味儿呢？就是加盐。可是煮汤的时候，盐可不能多搁，因为必须把喂肉时加的盐打到里头（张奶奶此时用的这个"打"字，和"精打细算"中的"打"字用法相同。这种用法经常在老北京话中出现），再者酱油的咸度也要考虑到。如果做汤时，尝着咸淡合适了，再把肉片儿氽入汤中，汤就偏咸了。所以有经验的人在做汤时，一般分两次加盐，第一次加点儿盐，使被煮的东西入味儿，等把肉氽入后再尝尝，如果还欠点儿，可再加盐把味儿调合适了。如果不欠，第二次则不用再加了。

以上两款汤菜，按北京人的口味，还需要再加两种东西提高鲜度，一种是嫩香菜末儿，一种是胡椒面儿。前者选料时还需选购嫩香菜。在这个季节市场上的香菜老嫩都有，两者之间的价格相差一倍左右。老香菜不能用，并非它的香味儿不浓，而是它的菜梗偏硬，一盅子汤都做好了，菜嫩、肉嫩，加了点儿老香菜梗儿，煮的时间短，它显硬，煮的时间长，它倒软了，可是有韧性，混在这汤里，非但没起好作用，倒添了"彩儿"了。这是为什么许的呢，与其如此，还不如不加呢。

羊肉喂氽儿酸菜面和羊肉喂氽儿酸菜汤

如果单纯制作羊肉喂氽儿面，无非是把面煮好，加盐调味，趁着大开把喂好的羊肉片儿放在锅里，就做成了热气腾腾的热汤面。不过，在喂肉时与做喂氽儿的汤菜稍有不同，就是喂氽儿面讲究喂肉时加葱丝，而做喂氽儿汤菜时讲究加葱末儿，仅此不同而已。这种吃法，有肉而不腻，面烂汤鲜，极能刺激食欲。

下面介绍的是与单纯羊肉喂氽儿面制作方法极其相似，而口感又优于单纯的羊肉喂氽儿面的一款喂氽儿面。现在凡是精于制作这款喂氽儿面的人在提及它的时候，都会有一种无可名状的惋惜和遗憾，因为这款面的一种配料如果不自己制作，在市场上已不可能买到了。这款面就是"羊肉喂氽儿酸菜面"。

这不好买的原料就是酸菜。以前在北京，酸菜是一种很普通的腌渍制品，很多家庭在冬天都要买些大白菜自己腌渍，为的是吃着方便。就是自己不腌渍，在外面买也是十分容易的，还不用去大菜市场，只要出了胡同口儿到南小街儿上任何一家副食商店附设的蔬菜门市部中，都可以买到新鲜干净的酸菜。酸菜味美价廉，拿上一个盆儿，买上三五毛钱的酸菜，把酸菜放在盆里，要求售货员"饶"点汤儿是很平常的事儿。

北京人把腌渍酸菜叫"渍"酸菜，但是把"渍"字读作"积"，这是北京土话，字典上的"渍"字是没有这个读音的。把腌渍酸菜缸里的汤水叫"酸菜汤儿"，在买酸菜时要求售货员饶给自己的酸菜汤儿可直呼为"汤儿"。在老北京土话中，有儿音的词甚多，但是并非任何词后都能加儿音的。还是说酸菜吧，酸菜汤儿是指腌渍酸菜的汤水，"酸菜汤"则指的是用酸菜烹制的汤菜。

无论是买的酸菜还是自家制的酸菜，成品的规格都是把白菜去根、底部十字切口儿的酸菜。把酸菜买回家之后，洗干净手把酸菜从盆里提溜起来，先控控汤儿，再用手捏捏，把浸在酸菜里的汤儿挤到盆里，千万不要把汤儿糟践一点儿，因为它大有用处。把酸菜逐条去掉老帮，再洗上两和，把菜根斜着切下去，再把酸菜抟齐了，横着切成细丝儿，再竖着断开两刀，把细丝断为三截。这样的酸菜丝儿煮汤长短最合适。

如果把酸菜汤煮好了，再把喂的肉下在汤里，做出来是一款汤菜；如果煮汤的时候把面条下到锅里，煮熟后再下喂好的肉，做出来则是一款热汤面。

用这个方法制作的汤菜就是羊肉喂氽儿酸菜汤，用这个方法制作的热汤面则是羊肉喂氽儿酸菜面。这一汤一面和其他的汤呀面呀做法的不同，只在于这"汤"也好，"面"也好，在煮的时候都是以酸菜汤儿为主体煮制而成的。这汤儿并不值钱，要不然人家怎么能白饶呢？可这汤儿家里是贵贱没有哇。
要做羊肉喂氽儿酸菜汤还能说得过去，做的时候"汤儿"少
了点，回待会儿（北京话"回头""待会儿"的意思）少喝点，
不就行了吗？但是做羊肉喂氽儿酸菜面，面条在煮熟的过程中
要吸收汤水，汤水不够面是煮不熟的。那为什么不多加点儿水
呢？水不是不能加，那要看加多少。因为要把那酸菜汤儿过于
稀释了，做出的酸菜汤就会鲜度大减。这才是在买酸菜时，要
求饶点"汤儿"，以及不敢糟践一点儿酸菜汤儿的原因，是宁
可少做点儿汤，也不愿过多添加水的原因。如果把面用水煮得
将熟，再把面条捞到酸菜汤中接着煮呢？也有这种做法，但是
据张奶奶所说，这样煮的面没有用酸菜汤儿煮的面好吃。当时
我还不相信，用两种方法都做了一回，张奶奶可高了兴了。说
你自个儿尝尝下回就记住了。

　　我倒是记住了，这麻烦就出在把它记住了。以前酸菜多
好买呀，现在自打酸菜不好买了，酸菜汤儿也不好淘换了，
我就再没做过这个东西。不是没的卖。农贸市场有，可瞧
着就让人不敢买，口感先不说，最怕不卫生。大型菜市场、
超级市场也有，还是成袋包装的，质量没挑的，可汤儿就忒
少了。

　　我想，既然生产酸菜的厂家能用科学酿造的方法制作出这
么优质的酸菜，为什么不能想点儿办法也出产一点儿小包装的
酸菜汤儿，满足一下惦念着这口儿的北京人呢？

头一步得上菜市学去

"氽儿面"和"卤面"都是北京人爱吃的家常面。

氽儿面是用肉和蔬菜或是单纯用肉，也可以单纯用某种调料制成的"氽儿"，浇在事先煮好的面上，拌而食之。根据可制作的"氽儿"原料不同，吃的时候或是就着蒜瓣，或是加点醋，或是用点别的什么佐餐。

卤面的做法、吃法和氽儿面极为相近，甚至有的卤面所制的卤汁的原料与"氽儿"所用的完全相同，二者之间的不同只是是否用淀粉勾芡。其中"氽儿"是不用勾芡的，"卤"则必须勾芡。这两种制作形式都是用料简单、制作方便、脍炙人口的普普通通的家常面。

关于氽儿面的"氽儿"和"喂氽儿"的"氽儿"是两种不同的概念。"喂氽儿"的"氽儿"是把这个"氽"用作动词，指的是把喂好的肉放在沸腾的锅里这一氽制过程。而"氽儿面"的"氽"是用作名词，指的是浇面用的浇头。

酱油焌花椒氽儿和柿子椒氽儿

可用于制作"氽儿"的原料甚广，如单纯用调料作为原料的有"酱油焌花椒氽儿"。具体做法是，把锅置火上，倒油，油热后放十几粒花椒，炸花椒，把花椒炸得已彻底变成黑炭状，随着锅的上方腾起浓浓的烟雾倒上酱油、葱末儿、姜末儿，其中葱多姜少，加盐、味精后端锅离火盛碗即可。

以蔬菜和肉为原料制作的"氽儿"可以"柿子椒氽儿"为代表作。甚至可以这么说，如果这款氽儿做好了，再学做别的就容易多了。这当然是张奶奶当时的讲话内容了。

张奶奶讲的，和现在有些人教做饭可不一样。现在电视里教人做饭，主料、配料、调料甚至包括锅碗瓢盆都给您预备齐了。不就是学"做"吗？可是张奶奶是个"吃主儿"，和她学做饭，不是进厨房学去，当然也得去厨房，但那是后一步。先头一步得上菜市学去，上菜市相对而言还算简单的，复杂的还得先上菜地学去，这就是"吃主儿"与其他人不同的地方。

当年北京卖的柿子椒有两个品种，一种是北京当地产的薄皮柿子椒，一种是当时被称之为"洋柿子椒"的厚皮柿子椒。后者肉厚口甜，是制作像辣子鸡丁、辣子肉丁等菜肴首选的优质配菜，可是它却不能用于制作柿子椒氽儿。原因是它的肉太厚，如果把它切成细丝儿，它的横切面也很宽，又不能把它改刀。炒生了，口感偏硬，炒老了，出汤甚多，影响口感。而用前者，很容易把它切成细丝，旺火急炒，加肉丝或单纯素炒，下锅煸炒一会儿即可断生。这样做出"氽儿"来，极适合拌面食用。

品种确定之后，还要能在菜摊上把它区分开来。上菜市，张奶奶、玉爷都带我去过，教我区分时，我还是很小的时候。真到了我学做菜时，这些知识我早已烂熟于心中了。购买这种柿子椒也有需要注意的地方，要挑无虫眼、鲜亮、全绿、挺实的上品，另外则是别买开始变红了的柿子椒，柿子椒变红了，肉质必然变软，口感必然发甜，做其他菜用它可以，但不适合做"芥儿"。

柿子椒洗净对剖开，去籽，改刀切成细丝，肥瘦肉也切成细丝。油热后下姜末儿（可不能加葱末儿，因为柿子椒与葱口味不合），随即下肉丝干煸。急火翻炒，下柿子椒丝，稍熟时加酱油，要比炒菜时多加一些，为的是浇面时不至于太淡，同时也不至于"芥儿"在拌面时汤汁太少拌不过来。炒到柿子椒断生时加盐，翻炒几下加绍酒、味精出锅。做这个"芥儿"时，盐的入锅时间必须注意，一定要在临出锅前。如果早加盐，菜中的水分过早地杀出，"芥儿"的口感必受影响。先让菜入味是用的酱油，将要出锅时用盐只起一个根据口感补盐的作用。

只要注意了制作程序和火候儿，这个"芥儿"的制作是非常简单的，制成之后香鲜可口，浇在面上，促进食欲，称它为代表作是当之无愧的。

这里要特别说一下，北京今天能买到柿子椒的品种比起当年多了好几种。

就说薄柿子椒吧。近年来才上市的一种个儿大皮薄的带有不少皱褶的柿子椒，是各种品种之中果皮最薄的一种。它的口感偏辣，有一股清香的味道。但是却不能用它制作柿子椒芥儿。当年张奶奶告诉过我,做什么东西都要把它做得地道,用料讲究合适,料不好不行,料过好也不行。这种柿子椒不能入馔柿子椒氽儿的原因是它太薄,适合旺火急炒,切成细丝儿再配点儿尖椒丝儿,素炒或是加点肉丝急火翻煸,那是极好的下饭菜,炒出来突出的是"鲜辣爽脆"。可是现在做的是用于拌面吃的"氽儿",凡是氽儿,都在制作过程中有一个加酱油、加盐、翻炒入味的过程,这样才能达到拌面吃的需要。可就在这一步上,这种薄柿子椒丝就不可能再爽脆了。

如今适合做"氽儿"的柿子椒有两种,一种是与当年市场上那样儿薄柿子椒极为相似的品种,它可能产于本地,也可能来自外埠,但是它们都在春、夏上市。另一种则是当年北京当地产的薄柿子椒,现在已经退化了,在秋天多能买到。个儿小,籽多,肉质只是薄薄的一层,一般只有大型批发市场卖,是倒在地上,以低于其他品种柿子椒的价格撮堆卖。不识货,不懂怎么食用这种东西的顾客,往往对它不屑一顾。可是它却是在秋季入馔柿子椒氽儿的最好原料。

西红柿氽儿

用"西红柿氽儿"浇面是北京人暑热天最喜欢吃的一种面食。它的制作方法极为简单,先用一个碗磕上两三个鸡蛋打匀,锅坐火上,倒上油,油热把鸡蛋液倒入锅中,鸡蛋炸好捞出备用。

西红柿洗净去皮去蒂切块，锅重坐火上，加油少许，把西红柿块倒入锅中，加姜末儿、葱末儿、盐煸炒，西红柿断生、出汤后倒入炸好的鸡蛋，用锅铲把它弄碎，加酱油、绍酒、味精，再翻炒几下出锅。

把煮好的面条用凉水过过，扛上一大匙余儿，宽宽的汤汁，酸咸可口，再就上几瓣蒜，那可真是口口香。

以上就是按北京人口味制作的西红柿余儿。

要想做出这样的余儿，必须在选用西红柿时加以注意。当时北京市场上卖的西红柿有几个品种，制作这种余儿却并非哪个品种的西红柿都可以用。其中最不可选用的是一种大粉西红柿。这个品种的西红柿，个儿大，果肉肥厚，沙瓤，口感极佳。若是生食、拌凉菜那绝对堪称佳品，可是要做西红柿余儿就不合适了。因为它果肉偏厚，果汁甚少。煸炒时，随着锅内温度的升高，汤汁蒸发极易变成酱状。虽然用西红柿酱拌食面条也可称是一种美味，但是它已不再是"余儿"了。倘若如此，不如把面条也换成通心粉。煮熟之后，盛放盘中，用这种西红柿加洋葱、胡椒粉、盐，用黄油煸炒，甚至再加些牛肉末儿，正正经经制成"番茄酱"，索性吃上一顿意大利面条，何乐不为？

咱们不是要做"余儿"吗，那就要选用成熟、多汁的西红柿，又好做又好吃，千万别跟自己过不去。做什么样的菜肴用什么样的原料，是烹饪的基本原理。而这个原理就是体现在一些很不起眼的点点滴滴之中的。

茄子氽儿

"茄子氽儿"也是一种北京人喜欢食用的氽儿。

制作这种氽儿也同样存在着选料的问题。当年的市场上有两种极为相似的茄子，其中之一是紫皮圆形绿瓤茄子，而另一种是紫皮圆形白瓤的茄子。前者正是制作茄子氽儿的原料，而后者却不能用。原因是，这后一种茄子水分过多，用它制氽儿在煸炒过程中出汤过多，出汤之后茄子丝变得软而无味，直接影响到氽儿的口感。

可是如何去区分这两种茄子呢？其实十分简单。只需把茄子蒂掀开，如果被茄子蒂覆盖的部分是绿色的，这个茄子就是绿瓤茄子；如果这部分是白色的，就是白瓤茄子。

至于长茄子，也不在选用之列。不选它的原因也是因为它的水分过多，出汤之后茄子软而无味，所以不能选用。

品种确定之后，就该挑品质了。如果在五月间茄子刚上市，茄子个个儿鲜嫩，自然另当别论。可是到了盛夏甚至入秋又怎样去挑选嫩茄子呢？玉爷告诉过我。这挑茄子和挑其他东西不同，有经验的人在大堆茄子之中，甚至不用去看，只伸手一摸就行了，真可谓是"行家一伸手，就知有没有"。哪个茄子摸着它的表皮有点顶手，似乎手不能在它的表皮迅速地滑动，这样的茄子必是嫩茄子，再把它拿起来，看看没有坏的地方，就可以入选。这是挑选用筐运来的茄子，而用麻袋运来的茄子还有另外一种挑法，就是皮被蹭了的、看着不大漂亮的茄子，是嫩茄子。因为茄子在运输过程中，整麻袋的茄子相互挤在一起，老一些的茄子的表皮较硬，一般不会蹭皮，而嫩茄子的皮较嫩，在摩擦中当然是被蹭的对象。

茄子选好了，制作氽儿非常简单。它既可以做成"素茄子氽儿"，亦可制成"肉茄子氽儿"。前者的制作是根据个人口味茄子去皮或是不去皮，洗净切成细丝，锅坐火上，倒上油，油热后下茄子丝和葱末儿、姜末儿，煸炒，加盐使之出汤。这点和柿子椒不同，因为茄子中的水分偏少，如果不先加盐，或是加了盐也极有可能把茄子煸煳。如果加盐之后，锅里还偏干，则要加水少许，总之千万不要让它煳锅。等茄子随着锅内温度的升高开始变软时，要抄底，把已煸软的茄子丝从锅底翻上来，让未软的茄子丝翻到锅底使之变软。等茄子丝全部煸软之后加酱油，再加些绍酒，使茄子丝再增加一些水分。此时拍五六瓣蒜放入锅中等蒜发出蒜香时，再翻炒几下。如果此时汤汁还偏少，可再添加一些水，水开后加味精出锅盛碗。

如果做肉茄子氽儿是把锅坐火上，倒油，油热后先下事先切好的肥瘦肉片儿、葱末儿、姜末儿，等肉片儿随着锅中的温度增高，发白断生之时，加入酱油（这个煸肉过程北京人称之为"煸肉汁子"。如果不是做"肉茄子氽儿"，单这个煸肉汁子也是北京人用于拌面的肉汁子氽儿。不过做这个氽儿时还需要在肉煸好出锅之前加盐，加水、绍酒、味精等作料，然后出锅），再倒入茄子丝翻炒。在煸炒时如太干，则需加水少许。这个过程和制作"素茄子余儿"的做法完全相同。

最后还有一点必须说明，当年，制作荤素茄子余儿的季节只是夏季和秋季，以前北京人几乎是没有在茄子初上市时制作茄子余儿的。当然初上市的茄子，价格偏高，但是问真了，它又能高到哪儿去？那么问题由此产生，不是要用嫩茄子制作"茄子余儿"吗，初上市的茄子怎么就不能做余儿呢？这是因为茄子这种蔬菜和西红柿不同。如果是西红柿，春天初上市的西红柿与夏天以及入秋之后的西红柿，它们之间口感的差异甚小。如果把它们进行比较，甚至很难说出它们之间有什么不同。可是茄子就不同了。盛夏和入秋之后的茄子即使再嫩也是比初上市的茄子老，它们之间的口感有明显的区别。其他品种的蔬菜比如说韭菜、小水萝卜、冬瓜和其他不少种蔬菜都有这个现象存在。

因为有这种现象的存在，所以在一年之中只有初上市的茄子可以称为"时令鲜蔬"（这是指自然生长的蔬菜，不含温室培植的反季节蔬菜）。如果用这样品质的茄子制作"蒸茄子盒""炸茄盒""烧茄子"等菜肴，哪款不是名馔？用这样的茄子去制作茄子余儿那不是糟践东西吗？作为真正的"吃主儿"，追求烹饪的最佳效果以及口感的最高享受是有尺度的，他们绝不会无度地使用一种原料。他们要做到物尽其用。之所以不用堪称为时令鲜蔬的嫩茄子去制作茄子氽儿，是他们不可能也不忍心去大材小用。这才是当年老北京人不在茄子初上市时制作"茄子氽儿"的真正原因。

几十年过去了。当今的市场比起当年有很大的变化，不要说是夏秋，就是冬天也有可能买到嫩茄子。可是，即使在茄子刚上市时也不可能买到当年堪称"时令鲜蔬"的那种茄子了。

卤面

如果吃的是卤面，比如"西红柿卤""茄子卤"，和制作西红柿氽儿、茄子氽儿甚为相似，尤其是茄子卤的选料、制作程序和制作茄子氽儿完全相同，只是如果制的是肉茄子卤，把肉片儿改为肉末儿即可。做完之后再加一些水，把汤放宽，加水淀粉勾芡，就做好了。

西红柿卤和西红柿氽儿的不同点在于前者是炸鸡蛋，后者则是西红柿煸熟之后加水把汁水放宽，用水淀粉勾芡，再用两三个鸡蛋打成鸡蛋液用筷子滗着徐徐倒入锅中，使鸡蛋液凝固成为蛋花。用勺子轻轻搅动并抄底，使蛋液不至于在锅底结为块状或巴锅底。完成这步之后，加盐、绍酒、味精出锅。在西红柿卤的制作中，也有先把鸡蛋加油少许摊成鸡蛋片儿，然后再把蛋片儿切碎放入锅中的另一种制法，口感和前种做法大同小异。

至于用柿子椒做卤，无非是把柿子椒氽儿做好再加水再勾芡而已。

单纯的作料、调料做卤的也有，在这其中也有荤卤、素卤之分。如"醋卤"，就是先用葱姜末儿煸锅加水加醋勾芡制成的。荤卤也无非是在煸锅时加肉末儿，只此不同。吃的时候佐以小葱、青蒜，还不用切，只是把它们透透地洗干净就着吃，按北京人的习俗讲究的就是这个，当然也可就新蒜。这些都是任凭个人口味随意尽兴。

"打卤面"

以上的各款卤的做法全是先做好汤汁，再用水淀粉打卤。但是按北京人的习俗这些卤面只能称之为卤面，而不能称之为打卤面。

据张奶奶所说，按北京人的习俗，"打卤面"是一个专用名词，只有用猪肉白煮出的被称之为白汤的肉汤，再加水淀粉勾芡打卤做出的卤面才能称之为打卤面。您一定不会明白，为什么北京人有这种习俗。据张奶奶告诉我，虽然这打卤面也是制作简单的家常吃法儿，但是在北京，它是"人生三面"，照例不可少的。所谓"人生三面"指的是初生时的洗三面、生日的寿面和死后的接三面。由于这个原因，打卤面成为了专用名词也是不足为怪的。实际上不止如此，这种面的原料的选用、烹饪的程序都有比较严格的规矩。

按北京人的正宗做法，面条讲究倒不大。什么切面、抻面、手擀面、挂面都可以。但是打卤的肉讲究用五花肉，配料还要有口蘑、海米、黄花儿、木耳儿、鸡蛋，以及煮熟的五花肉的肉片儿。

拾掇口蘑

口蘑是打卤面重要的配料之一。

口蘑主要产于内蒙古、甘肃、新疆和河北西北部地区，因为张家口为集散地和加工地，故称之为"口蘑"。口蘑属担子菌纲伞菌科，是一种可食真菌。据《本草求真》所载："其味甘凉，有益肠胃、化痰之功效。"口蘑状若伞，肉厚嫩，皮肉都是黄色的，以小为佳品，因其香味特殊、味道鲜美，多年来深受人们喜食。

想当年口蘑作为特殊的干货，常见于各种名馔之中。如仿膳饭庄根据清宫御膳房传统方式烹制而成的"大碗菜四品"、"庆贺新年"中的第一个菜"燕窝庆字口蘑鸡"，就是以口蘑为主要原料烹制的。值得说明的是，虽然像这类菜肴，也就是所谓的"大碗菜"，在御膳当中是属于"观"菜之列。但是皇帝他能有准谱吗？如果心血来潮，非要吃这类菜中的某一个菜，如果做得不好，御厨还不招来杀身之祸吗？

著名清真菜馆鸿宾楼的"口蘑烧蒸鸭子"也是用口蘑作为主要原料烹制而成的。这个菜是作为宴席中的压轴菜最后上的，可见这个菜在宴席中占的重要位置。

再如老字号便宜坊烤鸭店，用口蘑和鸭胗烹制的传统名菜"口蘑鸭胗"，平时散客是吃不到这款菜的，它只出现在全鸭席中。

从以上三个例子不难看出，口蘑作为一种特殊的配料是多么地重要。以前，北京市场上货源充足，但这种东西也并非是个商店就可以买到上品的。以东城为例，东四南大街礼士胡同西口儿外有一个专营干货的商店，在这家商店才可以买到像"庙前""庙大""口蘑丁"等各种品级的口蘑。

要制作打卤面，首先准备好做卤的白汤，还要泡口蘑。把口蘑十几个放置在一个碗里，倒入开水，水不能太多，以高出口蘑两寸为度，上面再用瓷盘盖上。约莫二十分钟，把盖盘打开，把泡口蘑的汤滗在另一个碗中沉淀。沉淀约半小时以上，再把清汤滗在另一个碗中，备用。这碗滗出泥沙的清水就叫口蘑汤儿。口蘑则要进一步清洗，把口蘑倒上清水，再倒一些干淀粉，用手轻轻揉搓口蘑，使淀粉裹着口蘑皱褶里的泥沙从口蘑上脱落。这是一个很细心的活儿，一般要用淀粉反复捏揉搓洗数遍，反复换水使之干净。可是这里有个矛盾，就是洗得不彻底，口蘑里还有泥沙；要是洗得太彻底，沙子倒没了，口蘑的味也没了，那还洗它干什么？所以必须要拿捏好尺度。每次加水少一点儿，轻轻搓搓揉揉，不能把它鲜味去尽，更不能把它洗碎了。

用于煮汤的肉，按正宗北京做法用的是五花肉。因为它一层肥、一层瘦，肥瘦相间，煮出来汤肥肉嫩，鲜香可口。现在在市场上要买上好的五花肉倒并非难事，可是当时，要买着上等五花肉还真不是一件容易的事。

煮汤用五花肉，也能用通脊

五花肉虽然讲究的是肥瘦相间五层，可是实际上只要形成四层至五层的五花肉，就可以称得上上等五花肉。

这种上等五花肉是出在净肉六十斤左右一扇的猪身上。您想想，整猪宰杀后分为两扇，出肉率百分之八十五，这头猪的毛重应为一百四十斤左右。可是当时毛猪供应市场的标准为一百斤至二百斤。要挑好五花肉容易吗？

再者您还得知道五花肉在猪身上的部位。以整扇猪从猪脊算起，最上面的一条是通脊，通脊之下是硬肋，硬肋下面是五花。以净重六十斤一扇的猪为度，太大的猪硬肋之下的五花部位已经"名存实亡"了，它已形成囊皮，分量再重一些的猪，五花的部位已变成为"囊膪"。太小的猪，肉倒是嫩，可是它尚未形成五花，也不能用。

您要选上等五花还要知道它的位置。具体来说，也就是在这扇猪肉硬肋之下五寸至一尺之间那部分的五花肉，才是上等五花肉。您还得识货，否则轻则买了自己不太可心的东西，重则白花钱，还不能用。

当年我家做打卤面，有的时候并不是用五花肉煮肉汤。据张奶奶告诉我，用于煮汤的肉也可以用通脊。这是因为五花肉做出来确实是肉嫩汤肥，可是汤太肥了，不免有些腻，如果想吃口感清鲜点的打卤面，可用通脊取代五花肉。这样做出的肉汤，鲜醇度增加，油腻感降低。

　　我家制作打卤面，这两种肉全都用过。如果是平时很不容易吃着肉，为了解馋，那就用五花肉，如果是想追求口感清爽就改用通脊肉。

　　做打卤面，用于煮汤的肉还不能是纯瘦肉，肥的总还需要那么点，选用带皮的通脊，就可以达到这个效果。话虽然是这么说，但是如果真要用通脊取代五花肉，制作的难度可就增加了不少。

　　首先选用的通脊必须是上等通脊。在选购时还要把这条通脊翻过来看看在屠宰过程中以及在宰杀前这头猪受没受到过外伤，如果皮上、肉上有淤血，就是这个原因造成的，是不能作为选购对象的。

　　标准确定之后，买符合标准的通脊三四斤。先不忙用水清洗，要把它逐条扣放在砧板上，用镊子把猪皮上残留的猪毛毛根一一拔去，再用刀背或另取一把未开刃的钝刀压着猪皮那面来回刮几遍，把猪皮毛孔里的黏液和残留在皮内的毛根刮净后，再清洗几遍。控水之后把通脊肉皮向下平铺在砧板上，再检查一下这条通脊，是否在挑选时不注意，肉上零星还有淤血的部分。哪怕只有一点点，也要去掉，否则在煮制时直接影响煮汤的质量。

洗净之后，改刀切成几条，凉水下锅，加姜片儿、葱段、绍酒及花椒七八粒。水以没过肉六七厘米为度，旺火煮。在煮制过程中不能再添加水。其中加的花椒的数量比较严格，因为这花椒，按北京人说，是为了在煮肉时去大肠毒。我没有考证过花椒的药用原理，但是据张奶奶所说，这加花椒还真有讲究，如果不加，煮的汤似乎缺点什么，如果加多了，吃出了花椒味，又影响口感。这花椒无非是借点味而已，在肉汤中的花椒味要达到的是若有若无。

煮上之后，只一会儿工夫，锅就将开了。此时要撇浮沫儿。可备一个大碗和一个大勺，锅将开时，白色的浮沫儿就浮上来，用大勺把沫子捞出去倒在大碗里。同时要把火压得稍小一点，再用勺抄底，轻轻搅动肉块，使沉于锅底的浮沫儿全浮上来，一一撇去。撇沫子时注意的是不能让锅大开，大开之后未撇出的沫子就随着沸腾的汤汁沉入锅底了，即使离火也无法再撇出来了。所以这一步的关键就是手快，而且锅的热度保持在将开未开之时。如果看着马上要大开了，浮沫儿尚未撇完，就要把火再压小点使汤汁温度降低一些。可是降得太低了，浮沫儿又浮不上来，那么就要再加一加热，直至把浮沫儿撇尽。在进行这一步时花椒粒也被撇出来了，那就对了。撇出的花椒就可弃之，但黏在肉上的没撇干净的，也不用管它，因为原本加入的也不过七八粒，又撇出其中的大部分，黏在肉上的也只是二三粒而已，对整锅汤也影响不了什么了。

如果是现在，肉汤撇沫子的这道工序，变得非常简单了，火的大小非常容易调，可是以前用的是炉火，为把火压小，要时时把锅从火上端下来，着实麻烦多了。

撇完浮沫儿，改小火煮。要把肉煮到用筷子头从有肉皮的一面向肉里扎入，以拔出时肉无嗫力为合度。这时的肉已煮好，端锅离火。如果再煮下去，肉汤倒是醇厚了，肉可就煮老了。打卤面的卤不但需要用肉汤，也需要用肉，所以必须两者兼顾。

用筷子把肉块从锅里夹出来放在盘子里备用。再把锅里的葱段、姜片儿捞出弃之，其中姜片儿好捞，葱都已经煮散了煮碎了，那也要再费费心捞干净了。

如果按一般做法，用这锅肉汤加入口蘑、海米、水发木耳、黄花儿就可以勾芡打卤了，再加上鸡蛋和切好的肉片儿不就齐了吗？可是实际上，这样做出的卤可就太油腻了。

张奶奶教我的做法可麻烦多了。张奶奶认为，要把煮出的肉汤的浮油和底渣去掉，把这锅肉汤做成净肉汤之后再打卤，口感会好得多。如果要做到这一步，就要把这锅汤自然冷却，然后放在冰箱里冰上，因为只有这样才能把肉汤里的浮油尽数撇出去。如果做打卤面时是在冬天，这一步非常容易做。冬天，北京人在院子里置一个大缸，上面可加一个木盖，或是在一个平整的地方下面垫上一块木板，再把一个大缸倒扣其上。这就是天然冰箱。把肉汤扣在天然冰箱里几小时后，汤就成了肉冻，汤里的白油凝结在肉冻的表面。用匙把上层的油撇出去，再用大匙把肉冻扎在另一个容器中，最下面的肉渣弃之，就做完这一步了。但是如果是在其他季节，就要在冰箱中置放十小时以上才能达到这个效果，这是因为在我小时候，家里用的冰箱并不是电冰箱，而是用天然冰作为冰镇源的木制冰箱，它怎么能具有电冰箱的威力呢？在我小时候，张奶奶一般要做打卤面都是头天煮汤，第二天打卤。

肉清汤和白煮肉

张奶奶进一步告诉我，把浮油和底渣去掉取得的清汤，实际上就是入馔的一种"高汤"。它有专门的叫法，比如，这款汤就叫"肉清汤"或"清肉汤"，用鸡炖的汤可叫"鸡清汤"或"清鸡汤"，其他以此类推。

现在，咱们再翻过头说说那煮出来的肉。凡是对北方菜肴熟悉，具体讲对北京菜肴熟悉的人都看出来了，张奶奶用于煮肉汤的通脊，实际上做出来的是一种北京名馔——"白煮肉"。在饭馆里它的菜名叫作"白肉片儿"。它是北京砂锅居饭庄的代表名菜，取通脊用白煮的方法煮制，吃时撕去肉皮，切成的肉片儿薄如纸，粉白相间，蘸上酱油、蒜泥，肥而不腻，瘦而不柴。

那是当然了，当初张奶奶用通脊取代五花肉时也不是突发奇想，而是她想起这"白煮肉"，试着用通脊制作的。她当时用两种原料分别制作，认真比较，从而得出的结论。这种比较的方式，就是"吃主儿"考证某种菜肴的口感所用的习惯做法。对于"吃主儿"来讲，他们同时要具备会买、会做、会吃。在品审某味菜肴之时，绝不推崇人云亦云，讲究的是亲自买料，亲手制作，从制作中体会，认真比较，按自己的感觉确定某味菜的不同以及优劣。如果用某种原料，它好在什么地方，不足在什么地方；用另一种原料，哪些方面优于前者，哪些地方不足于前者，从而得出结论：在什么样的情况下该用前种原料，在什么样的情况下用后者取代前者。根据自身感受运用"依我所好，为我所用"的烹饪原则，突破"墨守成规，一味拘泥"的框子，开发自己在某一场合中喜食的菜肴。

这打卤面做的卤汁，不过是这种思想的一次印证而已。

张奶奶把煮好的通脊一块块夹出来放在一个大碗里，稍凉后用一个瓷盘盖上。她特别强调这一做法。她对我说，这肉要先晾凉了，才能切成薄片儿，虽然咱们做的并不是白煮肉，不用切得薄如纸，但是肉在热的时候是根本切不了片儿的，必须凉后才能切。煮熟的肉在等热气散尽的过程中，若不用盘子盖上，熟肉的表层会干会硬，颜色会变深。那是因为这时熟肉的表层已散尽了热气，肉的内部热气尚未散尽，再继续暴露之，表面会进一步冷却，肉内的热气就被已凉透的表层隔在肉中，不易再散发了。这时用盘子把它盖上，使肉表层与肉内保持相近的温度，在冰箱（这可不是电冰箱。如果这碗热肉进了电冰箱，那台电冰箱就毁了）里一点一点把热度散尽，再把它取出来。掀开盘子，里面的肉表里如一。如果没做这一步，肉凉透后，表层干硬，内部松软，甭说切成薄如纸的薄片儿，就是切成薄厚一致的不算太薄的肉片儿，也有一定难度。这举手之劳就能免去那么多麻烦，何乐不为？另外，这么切出的肉颜色也透着漂亮呀。

打卤

其他的配料有水发木耳、水发黄花儿、水发海米。海米也是值得注意的一个问题，以前市场上海米种类很多，做打卤面用的海米讲究不大，但也不是什么海米都能用，尤其是钳子米。这种海米俗称大虾干，个头儿在三厘米以上，背曲如钳，是海米中的上品。之所以不能用它，正是因为它是海米中的上品，用它一是大材小用，二是它的口感太浓太醇，在卤中喧宾夺主，效果反而不好。您想，"吃主儿"连五月间的嫩茄子都不忍心去做茄子余儿，这样高品质的海米，他哪儿舍得去做打卤面哪？舍得不舍得还不是主要问题，主要问题是"吃主儿"的烹饪是有一定概念的。这还不单单是做一个菜两个菜的问题，他做任何菜讲究的是一个整体观念，不能"喧宾夺主"，这才是至关重要的！

做打卤面就用小海米十几个，如果海米上有虾皮，要一一剥净，放在小碗里，倒上开水，以没过海米寸许为度。碗上盖上小盘子约莫二十分钟，海米发好，用筷子把发好的海米夹在另一个碗中。再把泡海米的汤滗在另一容器中，滗海米汤儿时要注意不要把碗底的沙子底儿滗到海米汤儿中。

　　打卤之前把水发木耳择好洗净，水发黄花儿择好去掉花蒂，洗净切成小段。把煮好的肉从冰箱取出，横着（可不能顺着）肉的纹路切成薄片儿。把冻成肉冻的净肉汤倒在大砂蓝子里，再把口蘑汤、海米汤一一倒入蓝子，把蓝子放在火上加热，再下海米、口蘑进去，开锅之后煮一会儿，以口蘑煮得能咬得动为度，再下黄花、木耳。下一步，调水淀粉，取大碗两个，其中一个碗中扪入五六匙淀粉，加水调成白色浓淀粉浆。另一个碗中也用两三匙淀粉调与第一碗相同浓度的淀粉浆。另用碗一个磕四五个鸡蛋，用筷子把鸡蛋打散打匀，备用。

　　先往蓝子里加盐和酱油，其中盐不能加得太多，否则卤就太咸了。酱油亦不能加得太多，否则颜色太深，打出的卤不好看。吃打卤面，讲究碗里面少、卤宽，如果卤太咸，就没法这样吃了，也不符合北京人讲究的吃打卤面连吃带喝的习俗了。

　　当一切准备就绪之时，勾芡以前把切好的肉片儿下入蓝子中。肉片儿在这时候下也有它的道理，煮肉的时候，火候拿捏得恰到好处，煮出来的肉是最鲜嫩的。如果早早把肉下在蓝子里，在煮口蘑、木耳等等过程中，肉片儿又在进行加热，它就老了，影响口感。而这时候下的肉是从冰箱取出来的凉肉，在热汤中，它刚刚回暖，整蓝子的汤汁就沸腾了，它们之间两不耽误。这时第一碗淀粉浆入锅了，温度又降下来了，肉片儿也不可能老了。淀粉浆下锅之后，随着用长柄铁勺搅动，搅动时注意要顺着一个方向搅，不可来回乱搅，还要抄底，否则淀粉成坨巴底。手在搅动时体会勾芡的浓度。这第一碗淀粉浆打这一锅卤是不够的，为的是不至于一次放得太多，打得太稠无法补救。可是这样打不合适还要加多少呢？这不要紧，因为还有第二碗淀粉浆。第二碗淀粉浆是根据搅动中的感觉往蓝子里找补的，根据手上的感觉，是再加一点，还是再加多半碗，或是全部，可分几次加入。或许需要再调第三碗淀粉浆。这一切都在从容不迫、有条不紊的情况下进行的。到了浓度合适的时候，把火调小一些。用筷子蘸着鸡蛋液慢慢地转着倒在蓝子里面，使鸡蛋液变成一片片的蛋花。这种蛋液入蓝子的方法是为了使鸡蛋液不至于形成大块。随后还要用长柄铁勺抄底，以免鸡蛋液在倒入的过程中沉底结成块。但是具体做这一步时，手持铁勺的手法要轻，要是不管不顾，一是可能把卤汁溅出来烫着，二是容易把卤汁搅和瀣了。做饭嘛，本来是件从容的事，切忌手忙脚乱。

做完这步，这个卤已经基本完成，加些味精即可把砂蓝子从火上端下来了。

这个卤做完了。到现在您一定会悟出来打卤用的肉汤为什么一定要用肉清汤了，它和海米、口蘑的鲜味融合在一起，如果汪着不少的浮油，一是太腻，二是体会不到作为"吃主儿"所追求的那鲜醇的味道所在了。

卤先做好，再煮面，面熟之后，每人在碗里挑上一箸子，刚刚盖上碗底，宽宽地浇上卤汁、味美醇香，是一种多美的享受啊。

同样是作为"吃主儿"，我家的朋友有人做打卤而用五花肉，有人用通脊，有人在打完卤之后，还炸上十几粒花椒，连油带焦炭似的花椒粒都倒在卤中，起一个明油的作用，不用说这家人一定偏爱炸花椒的香味。还有的人用嫩茄子去皮切块，过油炸了放在卤中，也有不放茄子块而添加肉丸子的，应有尽有。您喜欢什么口味就怎么做，怎么吃。

在这诸多做法之中，特别值得一提的是，有一家人做打卤面时往卤里添加酱肘子肉的肉片儿，但是添加时应在下白肉片儿的同时下锅。添加时还应有尺度，要不就用酱肘子肉完全取代白肉，要不然就各取一部分，合起来和总量持平，不能随意添加。如果加肉太多，打成的卤都下不去勺，就得不偿失了。

现在想吃这口儿不大容易了

在介绍打卤面的最后，我还想说点不相干的话，那就是想当初张奶奶以及我在张奶奶指导下做的这种打卤面，是一种很普通的家常面条，但现在想吃这口儿时如果不是亲手制作，您是无法在任何饭馆中吃到的。遗憾的是，即使自己制作，也很难达到当年的口味了。其实又何止只是一种打卤面哪。当年家里制作的很多美食，它们的原料、配料甚至是作料已经在市场上消失了，即使再精心制作也做不出以前的美味了。

头一个得说肉。现在市场上优质品牌猪肉非常好买，上等的五花肉、通脊肉在大菜市场、大型超市、信誉良好的连锁店、便利店随时可见。但是也许是成头出栏的成品猪的生长过程、喂养方式以及饲料和以前大相径庭，做出来的肉汤、煮出来的熟肉和以前总有一些不同，这恐怕还不是一个心理作用。

口蘑多年断档之后，我终于在市中心的一个大型菜市场发现了它的踪迹。但是单价六十元一斤，价格不菲，并都无品级标准。包装袋内的口蘑个个儿肥硕，比当年的"口蘑丁"大了许多。就个头儿来讲何止大一两倍，其口感却比不上中档品。

海米也是问题之一。现在市场上卖的海米，大小倒还不是问题，问题是无论什么品级的海米，和以前的海米似乎是两种东西。以前的海米基本上没有虾皮，即使有的带点皮也是稍搓搓剥剥就能散落成碎片。海米外表光滑，颜色黄，有的虽然色深也是以黄色为基色的，放在手上绝没有潮润的感觉。现在的海米无论盒装、袋装、散货，带皮的居多，个别品种的皮少了，拿在手里却潮乎乎的。有的虽然干燥，那当然是品级高的了，可是它的表面非常粗糙，从外表看有些支支棱棱的。

这些到底是什么缘故？我觉得这似乎还不仅仅是制作工艺

的问题，极有可能是制作海米的虾种已有了变化。

至于说起有的人家用酱肘子肉加在卤里，这说的是当年在东四路口西边猪市大街普云楼卖的清酱肘子。它的口味清淡，软而不糯，切成薄片儿，再煮也不易散成碎片。可是这家老店已歇业十余年了。那路北的门脸儿，那高台阶的老店铺，那门首挂着大书"普云楼"三个大字的黑匾，连同店里的各种美味的熟食，已经消失了，再也闻不见吃不着了。它只是存在于老北京人心里的一种回忆了。

现在市场上能买到的酱肘子种类不少，但是归纳起来无非两类。一类偏硬，切成薄片儿非常容易，再煮也绝不可能煮成碎片，往往煮上几十分钟，完整如初，夹一片儿尝尝，未免还有点硬。另一类偏软的过烂，不要说切薄片儿，就是切成厚片儿，没有一定刀工的人恐怕也难以做到。打卤面也就不必再标新立异了。这酱肘子还是不必再添加了吧。

铁秆庄稼没了

　　玉爷和张奶奶吃中饭、吃晚饭，有时也吃粗粮，什么蒸窝头、菜团子或是贴饼子。吃时就臭豆腐，再滴上点香油，或是就点卤虾小菜。吃这些东西时我也特别爱去厨房，用筷头子蘸点加了香油的臭豆腐，掰上一小块窝头，嘿，那滋味多美呀！

　　最主要的是，每当他们吃窝头、贴饼子和菜团子的时候，玉爷老爱讲一个关于菜团子的故事。说以前旗下大爷，刚领回俸禄，回家的路上必得到饽饽（点心）铺走一趟。把马拴在饽饽铺门前的拴马柱上，进到铺子里买上一包酥皮饽饽。往外走时，一只脚踏在门槛上，另一只脚还在铺子里头，就打开点心包，一只手托着，另一只手捏起一块迎着风咬上一口，风一吹，酥皮儿掉下来撒了一身一地。这位也不管不顾，接着往下咬。那块饽饽外面的皮儿都掉下来只剩下一个核（点心馅儿）了，还是这么咬。这叫什么？这叫有"份儿"！

后来铁秆庄稼（清亡之后再无俸禄）没了，还吃什么点心？马也早给卖了。卖了一天苦力，买上一个菜团子，两只手捧着吃，生怕掉下一点渣儿。

玉爷是一个非常爱干净的人

在我的记忆中，玉爷是一个非常爱干净的人，我和他住一屋的时候，他早晨起床时，我还没睡醒，他刷牙洗脸刮舌头十有八九我是看不见的。可是每天晚上他都要洗脸、洗脚、擦身上。在我们那间屋里，玉爷端一大盆热水放在凳子上，用手先蘸着水把脸摩挲一遍，再用白胰子搓在手上再摩挲一遍脸。

这白胰子在洗衣房柜子下层的抽屉里，有满满三抽屉。我小时候识字之后曾仔细看过白胰子的包装纸，上面的三个字我都认识，那是"力士牌"三个字。那就是以前家里存的力士香皂。年头多了，没什么香味，但是搓个手绢、洗个袜子、洗手洗脚绝对能用，还很下泥。那时候家里的人都管它叫白胰子。家里除玉爷一人用它洗脸洗澡之外，其他人无一人使用它洗脸，平时的用处只有一种，就是放在水池子旁边的胰子盒里，作为进屋洗手用。

玉爷用水冲下胰子沫儿之后再用净水搓一遍，然后用手蘸水搓上身。玉爷光着大板脊梁，穿着短裤，上身和腿上都洗完了之后，我又要看幻灯了。那还是一次祖父带我去一个高个子外国老爷爷家里看的幻灯，在他家挂一个布帘子，用一个小盒子对着布，布上就出现了大楼、大桥和大海……玉爷把我床前的铁丝上那个帘子往外一拉，我和他之间就有一个放幻灯的布帘子。在布帘子后面，玉爷又哗啦哗啦撩着水。大约过了好一会儿，玉爷把帘子打开时，他已穿上长裤和褂子，用擦脚布擦干了脚，趿拉着鞋就出门倒水去了。

玉爷有时候也到澡堂子去洗澡，但不是像张奶奶那样每十天去一趟，有时一个月去一趟，有时一个半月去一趟。去的澡堂子也和张奶奶不是一个澡堂子。玉爷每回都是出齐化门（朝阳门）外洗澡，同时还要推头。张奶奶则不然。每十天必得去一趟，要是实在掰不开身，至多也是半个月去一趟。去的是王府井八面槽路西的清华园，在那儿不但要洗澡还要做头发、修脚，很麻烦的。

张奶奶澡堂子去得勤，脸却不是每天都洗

张奶奶澡堂子去得勤，脸却不是每天都洗。因为她洗脸也太麻烦了，天天洗脸也受不了呀！

张奶奶洗脸是在她的寝室，先得搬一个大高凳子，把一个出号的荸荠扁儿的大脸盆放在凳子上，倒上开水，再续点凉水，可是续上了凉水也不大下得去手。只能用手捏着洗脸

手巾在盆里略微蘸蘸，再用蘸的这点热水在脸上沾湿，再用手试着步蘸水，再沾一遍，闷闷。把猪胰子蘸水在手上来回转几个个儿，再把手上浓浓的胰子涂抹在脸上，用手在脸上来回摩挲着，再把手放在脸盆里，把手上的胰子洗掉。然后再用手蘸着水把脸上的胰子洗下去，再从头来好几遍，最后整盆水已呈乳白色，成为浓浓的胰子水。脸上的猪胰子不可能全部冲洗干净，稍干以后，整个脸紧绷绷的，泛着光亮，洗脸才算结束。

张奶奶把脸盆端到临近门口儿的地上。再用刨花水，用一个类似牙刷的长柄刷子蘸着刨花水仔细地往头上刷，使头发全被刨花水浸湿。对着桌子上的台式梳妆镜，用一根银制的类似一根细筷子的长钎子挑挑头发，再用梳子仔细地梳光、梳整齐，头发像用了摩丝一样，整齐而不走形。

再仔细检查双耳上戴的那副做工精良的金耳坠，逐一整理端正。拉开梳妆镜下面的抽屉，把雪花膏瓶拿在手上，拧开盖抹出一哆子均匀地抹在手上，再匀匀地涂抹在脸上。站起身来脱去平时打糙穿的衣裳，从衣柜里的衣架上摘下浆洗干净的裤褂，从鞋盒里取出外出穿的新布鞋，对着柜子里面的穿衣镜，上下看一遍。穿着停当之后，撩开外衣，把内衣兜上的大别针按开，从内衣兜里掏出一个外观极像抽旱烟的烟荷包的小布口袋，这就是张奶奶的钱包。她把束在钱包上的系扣解开，手指头伸进去把口袋口儿撑开，把里面的东西全倒在床上，拿出来一些零钱揣在外衣兜里。这是用来买公共汽车票的车票钱。后来在公共汽车月票问世之后，张奶奶是首批拥有者之一。张奶奶坐在床上，戴上老花镜——核对今天外出办事需要带的东西，然后——放回钱包之中，把口袋上的系扣重新系好，托着钱包重新放在内衣兜里，再用大别针别好，再检查一遍，看看别针有没有别差了地方。检查无误后，才放心地站起身来，把衣服再整理一遍，上下抻平了，另外拿出一个买菜用的钱包，其形状和前者完全一样，只是显得油脂麻花。张奶奶把这个钱包放在买菜用的蓝布口袋里，再把这个蓝布口袋团起来，放在从柜子里面拿出来的那个外出办事用的显得非常干净的大布口袋里。到了这时候，才能出门。

只有在两种情况下，张奶奶才会这么洗脸。一个是家里的亲戚和熟悉的朋友来访的时候，张奶奶必须光梳头，净洗脸，把周身上下拾掇得干干净净。如果万一有人要见见她，或是无意中在院子里碰上面，归置得利利落落以示礼貌。要不然，蓬头垢面的，多让人笑话呀！

另一个是出门办事的时候，出门也不洗干净脸，没有那样儿的。出门干什么去呢？张奶奶出门要去办的事可太多了。可是张奶奶办的这些事情如果发生在现在的家庭中，未免有些不可想象，那就是办理的每一件事都是我家的财务大事。

这些事包括拿着存折到银行取款、存款、取利息、买公债、兑公债，拿着房折子、房契到房管部门登记，到税务部门交税……那时祖父在北京站口儿附近的洋溢胡同还有三所房产，一直出租。张奶奶除了去那里收房租之外，还得和新老租户谈判、商议租房事宜。去邮局发挂号信，邮取汇款、包裹等等。

张奶奶小时候读过书，实际水平在高小毕业以上，能写能算、办事仔细，从来没有过差错。她掌管这些事已有不少年了，现在办起来已经是轻车熟路、得心应手了。对于一些机构、机关非常熟悉，不但在一些肉铺、鱼店能赊账，还能借出十块八块钱来。其中最让人不可理解的是她不但能在上述商店里借钱，还能在银行无任何手续借出钱来，虽然不过十块八块，也不是是个人就能办到的。家里也有在银行供职的朋友，对此更是瞠目惊叹，觉得甚是不可思议。

张奶奶买菜：看着买

张奶奶每月用于买菜的菜金是按月支取，每日记账，月底汇总报账。可是几乎每个月都有超支现象，数额虽然不多，也总是在十块二十块之间。

张奶奶可是怎么亏的呢？那是因为张奶奶可是出身于豪门哪，那是贵族，又是具有"吃主儿"称号的人，买东西是有标准的，只要是她看上的，就应该买。至于是不是买多了、买重了，是不是不太值，那得看怎么说。只要自己认为有买的必要，那没二话，还得买。

比如这天早晨先去（东）四牌楼办事，看见肉铺的里脊不错，就做芫爆里脊吧，把里脊买了。回来买香菜的时候，路过胡同口儿外的肉铺。掌柜的从里头看见张奶奶了，抢出门外打招呼："老太太！今儿个里脊可不赖，您不来一条？"张奶奶绝不会说我已经买了，改日再说吧，定是随他进到肉铺里头看一看。看见肉案上那条里脊果然比刚才那条还好、还鲜亮，您猜怎么着？没说的，再来这条。要是还有富余钱就掏出来（张奶奶每天不可能带全月的菜金，每天只带当天的菜金），给他完事。要是去四牌楼时把钱都花完了，那就得赊。但是无论是买还是赊总得给钱哪。是不是可以把先头买的那块退了呢？那哪儿成啊！甭说菜市场，多熟的铺子也不能退货呀。人家答应不答应先搁在其末，自个儿的脸面可往哪儿搁呀！

可是不退，钱从哪儿来？嘻！推着走吧。张奶奶想，反正这块肉也糟践不了，回去我把它做了不就得了，也有些日子没吃里脊了。这种情况倒还不是造成亏损的原因，那是因为张奶奶是不会做这么没人格的事的。到了月底一算账，对不上了，那没说的，自己掏腰包给它补上。自己受损失不要紧，哪儿能办那丢人的事啊？

但是，有另一种情况，则是非亏损不可，必然造成超支，那也是因为"吃主儿"买东西的习惯造成的。讲究嘛！确切地说，造成超支的情况还不单单是讲究，那是因为作为"吃主儿"有一句行话叫作"看着买"，意思是在买菜之前，是无法确定今天要买什么东西，也无法确定今天要吃什么菜。因为有些东西并非每天都能在市场上买到，这些东西可能是刚下来的时令鲜蔬，昨天还没上市，今天兴许就来了货；亦有可能是外埠来的海鲜河鲜，限于交通不便，有一段时间没来货了，碰巧今天它又来了。总之，市场千变万化，要买这些东西是可遇不可求的。

炭墼子红烧肉

张奶奶今天格外高兴。那是因为她刚才在去东单的途中买了上好的五花肉。她盘算着今天可以做红烧肉了。这做红烧肉有什么新鲜的，犯得上这么高兴吗？您可能不知道，那是因为这款红烧肉可不是用寻常做法所做，它是用炭墼当作燃料烹制的。这款菜是当年父亲在上海得到沈剑知先生的真传，又教给张奶奶的。张奶奶学会之后，多次制作，凡是吃过这款菜的无不拍案叫绝，说从来没有吃过这么好吃的东西。

做这款菜的原料——上等五花肉，并非难买之物。但是制作它的燃料，在市场上却不易买到。这种燃料叫作"炭墼"，是把木炭砸碎成末儿，用米汤搅拌，放在一个圆柱形的模子里，用木制的锤子把它砸击夯实，再把它从模子里取出，晒干，干透之后即可使用。

制作这款红烧肉不同于北方常用做法。最不同点是烹饪过程当中不添加水，是用酱油、绍酒及大量的葱中的水分把肉焖熟。

具体做法是，用上等五花肉切成小块，锅置火上，放油，油热后把肉块肉皮朝下入锅煸炒，加姜片儿、葱段、绍酒、盐、糖，煸炒得使肉断生之后再煸一段时间，倒入适量的酱油，再煸一煸之后端锅离火。事先准备大量的葱，去根再多剥几层皮，切成葱段。用带盖儿砂蘸子一个，要求这个砂蘸子的底可以平稳地放置在炭墼之上，这个尺寸是双向的，一个是炭墼的大小合适，另外砂蘸子的底面也要和炭墼大小合适。

砂蘸子的最底层用竹箅垫底，为的是不至于煳锅巴底。在竹箅上码一层葱段，把煸好的肉放在葱段上一层，在这层肉上，再码放一层葱段，再放一层肉。如此一层一层码好，把砂蘸子的盖儿盖上，把毛边纸用面糊环绕着砂蘸子盖儿封粘上，但又不给它封死。如果蘸子中热气特别大时既可以从砂蘸子盖儿上面那个排气孔中冒热气，亦可从毛边纸虚粘着的蘸子盖儿缝隙中冒热气。就这一招就够高的。

把炭墼点燃放在火盆里，再用炭灰覆盖其上，使它既无明火又保持燃烧状态。把砂盅子置于炭墼之上，一天一夜，炭墼烧尽也是本款菜制成之时。

炭墼这种东西，当时在南方比较多见，这是因为在冬天南方人有用手炉的习惯。手炉用黄铜制作，把炭墼放在手炉里，点燃之后，再用炭灰覆盖其上，不至于烫手。燃着一个足可保持一天一夜之久。北方比南方天气冷多了，天寒之时，光用手炉是起不了什么作用的，当然也有人用手炉，但用的人可就太少了。

另外，南方炭墼既为寻常之物，把它制作大一些作为烹制菜肴的燃料，也是常见的。这种炭墼上面的面积足能架上一个砂盅子，用它制作菜肴的方法也是不足为怪的。

正因为以上原因，在北京虽然也曾有过卖成品炭墼的铺子，因为这种商品用的人甚少，所以形制不全，货品断档是很平常的。这也是这种红烧肉不容易制作的原因。

张奶奶为什么这么高兴呢？那是因为大约半个月前，有一位祖父的朋友造访，在和祖父聊天之中又提起了这款红烧肉，那天临走之时还特意去厨房和张奶奶提及此事，让张奶奶兴奋不已。这位朋友走了之后，张奶奶让玉爷再去买炭墼子去，大有再做一回的意思。玉爷出去半天空手而归，甭说炭墼子了，连这家铺子都改成杂货店了。

玉爷回到家，自己制作了一个模子，再把炭砸碎喽，用米汤和了，自己试制。经过反复试制，终于做出炭墼。晒干之后，张奶奶还不放心，放在火盆里把它点燃了一试，还真好。这回可用不着再着急了。

炭墼有了。可这两天，天天没买着可心的五花肉。今儿个还真不错，还真赶上了。张奶奶甭提多高兴了。

清蒸白鳝

她想着走着，办完了事，路过东单菜市场的时候，不由自主又进去溜达一趟。这种习惯是"吃主儿"的习惯，就是不买东西，也要去看看，否则就好像缺点什么。这种心态我想和那爱书之人光顾书店、好穿之人光顾时装店的心态颇为相似。

她这一溜达不要紧，走到鱼摊，正看见南方来的鲜活白鳝。嘿！还真没白来。"这是多好的东西，可不少日子没见着了，还真让我赶上了。"

张奶奶这样喜出望外不无道理，因为白鳝可不是寻常之物，可不是您什么时候想买就能买着的河鲜。当时交通运输不便，能在市场上见着白鳝已是不易之事了，而如此鲜活的更是难得一见。这白鳝产于南方，肉极鲜嫩，清蒸口感最佳，但必须用活鳝。张奶奶当时就要买，一摸兜，坏了，钱都买了肉了。

没钱您就回家吧，再说您不是想做红烧肉吗，肉都买好了。那哪儿行！没钱，没关系。张奶奶马上出了菜市场奔北上米市大街，东单离米市大街不过一站地（指公共汽车），不大工夫到了米市大街。在这条大街上当时位于基督教青年会的对面有个什么银行的分理处，在这个分理处有位襄理和张奶奶认识，每回去银行借钱都是找他。支出十块钱，再去东单菜市场，一番折腾没白费，终于如愿以偿。

回到家中，先把五花肉冰上，待会儿再做。中午先做清蒸白鳝。这个菜非常好做。先把这条重一斤半左右的白鳝宰杀、拾掇干净之后，从头以下每寸余剁一刀，剁时从腹部竖直下刀，切到脊骨便停止。从头至尾切完之后，用一个较深的盘子，把白鳝盘在盘子里，使鳝头在最中央，盘完之后，再把鳝头向上提起来，用手再把整条白鳝往盘心盘一盘，使原先放头的位置没有空隙。盘子里倒入高汤、盐、糖、绍酒、葱段、姜片儿。坐蒸锅于火上，大开后，把白鳝放入锅中，二十分钟取出，上桌。

祖父特别喜欢吃这个菜，当然非常高兴，不禁夸赞几句。有这么几句已经够了。就是不夸赞，张奶奶看见祖父高兴的样子，也很欣慰了。

当时家里的经济状况和以前已经大不相同了，平素每天所用的菜金也有一定额度。如果在一个月中有这么一回，买完了这样儿又买那样儿，倒还不至于造成亏损。可是如果是一而再、再而三，那是非亏不可。

其实，目前这种家庭经济状况，张奶奶也是很了解的。您想，每月上银行取钱都由她负责，她能不了解吗？可是真遇见事，往往又是身不由己。什么叫"真遇见事"，张奶奶遇见的到底是什么事呢？

北京清蒸甲鱼和淮扬清蒸甲鱼

所谓"真遇见事"，就和"吃主儿"的另一个信条有密切的关系了。在这类人中最讲究的是"及时当令"，在什么时令适合吃什么东西，那讲究可就大了。如果这样的解释您还不好理解，不妨举个例子，您就可以一目了然了。

甲鱼，学名鳖，也叫鼋鱼，是一种生活在淡水江湖之中的名贵水产品，它四季可食，但是每年之中只有六七月间最肥。在我国产甲鱼的地方甚多，但是就北京市场来说，是以河北省安新县白洋淀和雄县赵北口所产的为上品。在甲鱼最肥的这两个月中，并非每天都可以在市场上买到，所以，甲鱼也是一种可遇不可求的商品。

比如在六七月间的某天，张奶奶去东单途中已经买好了今天所需要的东西，到了东单不由自主地又进了东单菜市场。正赶上鱼摊上来了活甲鱼。您想像她这种脾气能不买吗？那当然不能放过这个机会了。再者了，钱够不够有银行钉着哪，借一回是借，借两回也是借，这不结了吗？

"您给我来只斤半的。"张奶奶想方设法买了甲鱼，兴冲冲地回到家，先把冰箱门拉开，把先头买的东西冰上了。这个，回待会儿再说。先拾掇甲鱼。张奶奶洗干净手，系上大围裙，开始操作。

这拾掇甲鱼和用甲鱼做菜，张奶奶可不是现学的。她要做的菜叫“清蒸甲鱼”，如果按北京菜的做法，那更是轻车熟路，想当年在闺中学习厨艺的时候，不知做过多少回了。可是现在是按淮扬菜的做法炮制。那又有什么呀，前半段都一样。

清蒸甲鱼是甲鱼的常见吃法，各菜系几乎都有这款名馔。它的讲究是必须用活的甲鱼，现宰现烹。宰杀时必须把血放净了，如果血放得不净，一是做出来肉色不白不漂亮，更重要的是有血腥味，影响口感。除此之外在烹制之前，还要用开水烫过，去除鳖体中的腥味儿。至于所用的配料，各菜系就不尽相同了。

目前最主要的是先把它宰了。张奶奶把甲鱼仰着放在砧板上，左手捏着一块搌布，右手拿着刀。甲鱼把头伸出来了，它想翻过来。张奶奶用搌布放在甲鱼嘴边防备它咬着手，用极快的速度把搌布撒了手，随即用中指钩住了甲鱼的颈部，攥紧往外一拽，右手用刀把甲鱼的头、颈一起剁下。这时把甲鱼提溜起来控血。把血控干净后，先用水洗洗，再把它放在开水锅里稍微烫烫，用刀刮去甲鱼身上的黑皮，再用刀沿着甲鱼背甲四周把裙边划开，把背甲揭下去，掏出内脏和腹内的黄油，剁下尾巴和爪上的趾甲，用清水洗干净，再剁成方块，放在开水里汆透。所谓汆透就是要多汆几回，把甲鱼多脱几回腥，把腥味儿去尽。

要按北京做法制作，到这步之后，把甲鱼块码在大碗里，用去蒂的水发香菇、切了片儿的玉兰片、肥瘦猪肉片儿、葱段、姜片儿放在甲鱼块上，加绍酒、盐、糖、高汤，上笼蒸两小时。熟了之后把葱段、姜片儿用筷子夹出来弃之，把蒸甲鱼的汤滗出来，去掉浮油，过罗，再浇在甲鱼碗里，就可以上桌了。

要用淮扬做法时，把切好的甲鱼块放在砂蘸子里，上面摆上去蒂的水发香菇、切成片儿的玉兰片、火腿片儿、红枣、葱段、姜片儿，加入高汤、盐、绍酒、糖少许，盖上盖儿，把整个砂蘸子放在蒸笼中蒸约两小时。此时甲鱼已蒸烂，把砂蘸子从蒸锅里取出，掀开盖儿，用筷子小心地把甲鱼的腿骨拆下来夹出去不要，再把葱、姜夹出来弃之。把蒸的原汤从砂蘸子里滗出，过罗滤去渣，再轻轻倒回砂蘸子。再把砂蘸子盖上盖儿，重上笼屉再蒸一会儿，就可以从蒸笼中请出上桌了。

这两种做法，表面看来大同小异，实际上直接蒸和隔水蒸，效果是不同的。从口感来讲，直接蒸，热气直接接触所蒸的东西，而且蒸锅水在锅盖内壁结的哈气（蒸馏水）不可避免地流入盛甲鱼的碗里头。而隔水蒸，绝不会有这种情况出现，汤汁更加清澈，滋味更加醇厚、鲜美。

祖父爱吃的就是用隔水蒸的方式蒸制的清蒸甲鱼。

就因为当年张奶奶这种买菜原则，这种治馔方式，我小小年纪就有了品味名馔的经历。

"吃主儿"治馔，就是好琢磨

我的记忆中，每天早上将近十一点要到祖父房中向他问安。问安之后就坐在祖父书房的沙发上翻看那套我至今都看不懂的大本厚书。那套书共有数十册，全部都是羊皮面的装帧精良的图册。其中有许许多多的插图，所涉及的内容极其广泛。直到多年以后我才知道，这是早年法文版的百科全书。我无非也就是看看画，所以从来不懂它到底都讲了些什么。

约莫半小时，玉爷来了，问祖父是否现在开饭。再过一会儿祖父就带着我到饭厅去了。这个饭厅位于里院上房的西侧，是一间具有西洋建筑风格的大开间平台（不起屋脊的平顶房），高大，宽敞，明亮。

在饭厅中间显著的位置放置着一个大型的可伸缩的椭圆形餐桌。在不把它完全拉开的时候，旁边可置放六把皮面的高靠背餐椅。这可不是在市场上买的成品家具，据张奶奶说，那还是当初玉爷他们在东单牌楼南边那个德国洋行定制的。一起定制的还有书柜、衣柜、写字台等等整堂的家具。

在母亲有病隔离休养、父亲不在家的日子里，饭厅是我和祖父一起用午餐、晚餐的地方。

红糟煮黄蚬

祖父喜欢吃红糟做的菜，张奶奶说这是福建特有的一种配料，它有一股浓郁的酒香。

用它做菜其实很简单，像那个炭墼子烧肉，在煸肉之前，把肉用红糟捏过，再煸，等炖成了就是"红糟烧肉"。要做炒肉片儿也可以，先用红糟把肉捏一捏，炒出来就是红糟炒肉。这两款菜实际上我并不太喜欢吃，您想不是这个肉就是那个肉，每天如此，谁还爱吃？我喜欢吃的一款菜却是一款下酒菜，这种菜的原料在北京断档几十年了，以后我再没有吃过，也没有见过这种菜，它就是"红糟煮黄蚬"。

蚬子是一种小蛤蜊，它的外观是圆形或心脏形，表面有轮状纹，生活在淡水中或河流入海处。蚬子当年是极常见、价格极低廉的一种蛤蜊。它分灰蚬和黄蚬两种，其中灰蚬大于黄蚬，但品质却比不上黄蚬。据张奶奶所说，这两种蚬子只有黄蚬能用，它生长在沙底的河里，灰蚬生长在滋泥里头，根本没法吃。黄蚬，肉极鲜美，而且容易洗干净。我爱吃蛤蜊，我曾把黄蚬和青蛤做过比较，青蛤的肉质已经很嫩了，但是黄蚬则更嫩。

这款菜非常好做。头天买来三五斤黄蚬，放在水盆里，约莫个把小时换一次水，使它在多次开壳之后，把里面的沙子带出来。到了晚上，再换一回水，第二天早点起，再把水换了。煮的时候就没什么沙子了。

用一个大砂鹽子把黄蚬洗干净倒在其中，加盐，加入红糟。这红糟事先用纱布包起来，有点像熬中药包煎的意思，但是又不同，熬药包煎不能让包里的那味药散落在群药之中，而红糟却还要让它慢慢地散入汤中，所以纱布包有一面是不缝死的，使红糟在煮制过程中随着煮沸的汤汁一点一点从布包里流在汤中。但是谁发明的这样做呢？张奶奶说这是按福建菜的做法制作的。因为红糟里浓郁的酒香有挥发性，如果不用布包上，一下子混在汤中，等煮好了，香味也跑没了。

对于这个菜，我琢磨过，我就不相信红糟用一层纱布就能让它保住糟香。到了我会做菜的时候，我也曾经想试一试，看看包上和不包红糟煮出来有什么不同。可是我却没有去比较，倒不是怕麻烦，而是黄蚬买不到了，红糟也买不着了。

芙蓉鸡片儿

祖父还爱吃"炒芙蓉鸡片儿"。做这个菜比较麻烦，张奶奶做这个菜时，买一只肥母鸡，宰杀并燀好毛。首先要剔鸡牙子，所谓"鸡牙子"就是鸡里脊，位于鸡胸的鸡脯肉下面，贴着胸骨的那两条。这两条是全鸡中最嫩的部分。

具体剔的方法是：把光鸡鸡胸向上放在砧板上，用剪刀把鸡胸部分的鸡皮剪开，使整个鸡胸肉暴露出来。用刀顺着鸡胸骨把鸡脯从鸡胸骨上分离。鸡的胸骨从鸡头向鸡尾是"丫"字形，用刀分别从"丫"字形的胸骨外并紧贴着胸骨入刀，从前向后划开。用手伸入切开的刀口儿把鸡脯肉往外撕，随撕随用剪子把鸡脯连着的部分剪开，这样就可以把一侧的鸡脯撕下来。再用同样的方法撕下另一片儿鸡脯。这两块鸡脯就是分割鸡中的"鸡大胸"。把鸡脯肉撕下后，您会看见紧贴在鸡胸骨上还有两条鸡肉。这两条就是做这个菜所需的原料"鸡牙子"（也是在当今市场上分割鸡中的"鸡小胸"）。

这两条怎样从鸡胸骨上取下来呢？具体做法是：用手指按在"鸡牙子"的旁边，用食指、中指、无名指三个指头掏进肉与骨之间，顺着骨头慢慢捋，使"鸡牙子"从鸡胸骨上分离。这是个细活儿，捋的时候，要悠着劲儿，因为"鸡牙子"非常嫩，用力不当就把它弄碎了。在"鸡牙子"的顶端有筋与脊骨相连，也要用剪刀把它剪断才能把它从脊骨上弄下来。

把鸡脯和去了鸡脯的鸡另做他用。先把一条"鸡牙子"以有白筋的一头在左，平铺在砧板上，左手拇指把白色的筋按紧在砧板上，右手持刀竖直向下，刀的左侧平面紧贴在左手拇指按住筋的地方，刀刃压在筋上，右手持刀向右平刮，使"鸡牙子"的筋上部分从筋上脱离。再把"鸡牙子"翻个儿，还使有筋的一头在左，如法炮制，把"鸡牙子"的另半部分也从筋上剔下来。以上这个过程可以叫作从"鸡牙子"上"剔去筋"，也可以说从"鸡牙子"上"蹚去筋"。

张奶奶不止一次告诉我，以上这两种操作手法，表面看挺麻烦，但却是真想学做点什么的人非得学会的。甭管鸡也好、鸭也好，想把它的"脯"和"牙子"择下来，都得这么弄。

至于"蹚"，那用的地方可就太多了。归置里脊，剔个羊腿、鸡腿，全用这个手法把筋去了，猪肉去皮也是这种手法。所谓"难者不会，会者不难"，这个手法不难学，掌握之后，做这步，不过片刻之间。

剔去筋之后，先切成片儿，再用刀背砸，边砸边滴几滴清水，这样做既能使鸡片儿很快被砸成鸡茸，又不粘刀。

砸鸡茸的时候，要随砸随用刀背把它从砧板上刮起来，使每个地方都砸得着。在刮鸡茸时还可以把鸡肉中尚留的微小白色的筋丝挑净。这一步做的就是中餐里的"鸡茸"。按厨师正规的做法，要用鸡茸烹制炒芙蓉鸡片儿，还要把砸好的鸡茸再加一部分清水，过罗后，再进行以后的步骤。可是张奶奶的做法中没有这一步。

张奶奶认为：厨师过罗的目的在于，厨师做菜，有时间限制，客人点菜之后，不可能做每一个菜都跟绣花似的精工细做。砸鸡茸加水过罗是把没砸成茸的部分罗出来，不至于在制作中造成不必要的麻烦。可是这快是快了，"鸡牙子"本来没多少，再用水稀释，口感必受影响。家里制作，认真点，又没人赶碌你（这是一句北京土话，它的意思是催着你逼着你的意思），翻来覆去仔细地砸好了，就不必再加过多的清水过罗了。

下一步，把鸡茸用凉高汤澥开成为稀糊状，再加入鸡蛋清，加盐少许拌匀。把炒锅置在火上，倒入熟猪油。油温后要保持温油状态，用羹匙一匙一匙把鸡糊扣入锅中，扣时要连续地扣，但不要使锅内的鸡茸粘连在一起，同时还要用手持锅不停地晃动，使入锅的鸡茸糊入油结成片儿，既不连在一起又不粘在锅底，使它成为薄片儿浮于油面。全部成片儿之后，把它倒入漏勺控油。

炒锅坐火上，加底油，放入姜末儿、葱末儿、绍酒、高汤、盐少许、糖一点点、味精，锅开后加水淀粉少许勾薄芡，倒入鸡茸片儿，翻炒后随即出锅盛盘。这款菜成菜洁白光亮，滑嫩清爽。

本菜制作的难点并不在于前期制作鸡茸以及后期的名为"炒"实则是"熘"的过程，难就难在制作鸡茸片儿这步。这里的火候非常重要。油太热，鸡茸片儿发黄、颜色不美还在其次，主要是鸡茸片儿已经不嫩了，直接影响成菜的质量。油太凉，鸡茸片儿成不了形，那不是麻烦嘛。这油到底是个什么温度，那是没法说的，因为火是灶火还是炉火，是烧的煤、烧的天然气，不甚相同，用的锅不相同，鸡茸多少、稀稠程度不相同，再往下说一年四季不相同，厨房的设备也不相同，用的油、油多油少都不相同，再者了，您又怎么可能用温度计测它锅内油的温度？您怎么体会油的温度，只有一个办法，就是必须亲手制作，在比较中取得第一手资料，一次成功之后就会有第二次、第三次。其实做什么事不是这样呢，况且只是个做饭。

山鸡丁炒酱瓜丁

虽然炒芙蓉鸡片儿是一款非常好吃的菜，但是山鸡才是最好吃的鸡。

山鸡在买来时已经死了，不可能像现宰活鸡那样放尽鸡血，所以肉质发红，尤其是腿肉。正因为这个原因，可分门别类，物尽其用。把"胸"和"牙子"择下来配以蔬菜烹炒鸡片儿；鸡腿、鸡架子上的所有可剔下来的肉，配上酱瓜炒鸡丁。无论做鸡片儿还是鸡丁，都讲究上浆滑后使用。

炒鸡丁讲究配六必居的甜酱瓜，就是那种用秋天拉秧的小甜瓜腌制的酱菜。把酱瓜对剖去籽切丁，用清水过一过，把它的咸味撤下去点，然后控干。锅坐火上，待油温，下入上好浆的山鸡丁，迅速用筷子拨散，断生后即下入酱瓜丁同滑，再倒入漏勺中控油。炒锅重新坐火上，倒上油，下绍酒、葱末儿、姜末儿、盐、糖、味精、高汤，锅开后下水淀粉勾薄芡，最后，倒入滑好的山鸡丁和酱瓜丁，颠翻炒锅使之均匀，即可盛盘。

山鸡炒出来颜色发深，配上比它更深的酱瓜，颜色也就显得浅了。

山鸡片儿炒荠菜

炒鸡片儿相配的蔬菜范围可就广了，配鲜豆苗、荠菜、芥蓝、盖菜、嫩豌豆、黄瓜均可。所配的蔬菜以嫩绿、易熟、清爽为基点，有哪样儿用哪样儿，全凭治馔人随意添加。亦可以用茭白、冬笋等蔬菜，但从色香味综合审视也有不足。这两种蔬菜鲜嫩、爽口有加，但颜色太浅，和山鸡片儿相配，成菜没有绿白相间的美感。

本菜做法极为简单，以"山鸡片儿炒荠菜"为例：荠菜洗净，切碎备用。把山鸡脯肉及"鸡牙子"切成薄片儿，加水淀粉、鸡蛋清上浆，锅坐火上，倒油，温油下鸡片儿过油滑后，倒入漏勺控余油。锅重置火上，加油，油热后下荠菜末儿略炒，加盐、糖、绍酒、葱姜末儿、高汤、味精以及滑好的鸡片儿，翻炒后端锅离火盛盘。山鸡其口感胜于家鸡，成菜绿白相间，极其滑嫩爽口。

自从山鸡定为保护动物，本菜已成回忆。

清蒸鲥鱼

张奶奶在给祖父准备的菜肴中，其最重要的一点是制作那些适合老年人食用的菜肴。因为此时祖父年事已高，太硬的、过于筋道的菜肴，祖父是吃不了的。平时主菜常常是像清蒸白鳝、清蒸甲鱼之类的菜肴。张奶奶还做过"清蒸鲥鱼"和"清炖蟹粉狮子头"这些鲜美糯软的菜肴。

清蒸鲥鱼中的主料鲥鱼，是我国名贵鱼种之一，它的体形稍扁而长，大者三尺许，鳞下富含脂肪，色白如银，背稍带青色，肉中多带细刺，属于海产鱼类，春季到我国珠江、长江、钱塘江等河流中产卵。

我国食用鲥鱼的历史久远。鲥鱼并非在海中捕捞，而是趁它入江产卵时将其捕获。以江苏为例，每年五月间鲥鱼由海游入江中产卵，在江口捕捞。这里产的鲥鱼肥大并且负有盛名。在封建社会中是作为敬奉皇帝御膳的"上用"之品。就北京市场而言，鲥鱼不论大小均是产于江苏的。

按北京传统做法，是用一尾重二斤的鲥鱼整条入盘上桌，为高级宴会名贵菜肴之一。它的具体做法是：鲥鱼去鳃及内脏，但是不去鳞，洗净之后放入鱼盘。水发香菇去蒂，冬笋切长方形片儿，火腿切片儿，用一片儿香菇、一片儿冬笋和一片儿火腿为一组，均匀放在鱼身上，再放上葱段、姜片儿，将高汤、盐、绍酒、胡椒粉搅拌后倒在鱼身上，再加入猪肥膘片儿，上笼旺火蒸三十分钟。取出笼后拣去葱、姜、肥膘，原汤滗出过罗去渣，再倒回鱼盘，吃时蘸姜末儿、醋、香油、酱油对的汁。还特别强调要蒸三十分钟，不可欠火。食用时不要去鳞，因为它含有蛋白质和其他营养成分。

旧时北京乃至全国各菜系的厨师都普遍认为，整条鱼的鲜嫩标准是以重一斤半为度，上下相差只有半斤。但是鲥鱼不同于其他鱼种，它的鳞下富含脂肪，只有条大的鱼含的脂肪才会丰富。旧时北京的厨家为了以上两点要求，选用鲜嫩标准范围内的最重的鱼，即二斤重的鱼当然是顺理成章的。

江苏是负有盛名的鲥鱼产地。江苏人认为，鲥鱼的鳞中富有脂肪，肉中多带细刺，而在鱼腹下角部位鱼鳞形如箭镞，异常腴美，这种鱼若整条入馔是不合适的，而应该食用它的最精华的部位。

按江苏厨师制作清蒸鲥鱼的方法，是选用重三斤的鲥鱼，去鳃不去鳞，沿胸尖剖腹去内脏，沿脊骨剖成各具头尾的两片儿，每款菜选用其中一片儿，把它平铺在砧板上，把有脊骨的部分用刀剔去别用，只取带头尾的软片烹制本菜。把鱼片儿清洗干净，再用洁净的布把鱼片儿擦干揾净，不使它两面上有多余的水分。另备洗净后晾干的猪网油一块。

用大锅坐火上，加水煮沸，用手提起鱼尾放入沸水中烫去腥味儿，鱼鳞朝上放入盘中。将火腿片儿、水发香菇片儿、春笋片儿相间铺放在鱼身上，加熟猪油、糖、盐、绍酒、鸡清汤以及事先预备好的虾子。所谓事先预备好的虾子，是把虾子挑去杂质放在小碗里，加绍酒上蒸笼蒸后的虾子。再盖上猪网油，加葱段、姜片儿，上笼旺火蒸二十分钟至熟取出，拣去葱、姜，剥去网油，将汤汁滗出加白胡椒粉调后再浇在鱼身上。再加点香菜，上菜时附一碟姜末儿及醋上桌。

张奶奶选用的制作方法是后一种。

据她所说，这两种做法大同小异，但在关键的地方有所不同。据她告诉我，以前她做这个菜是用北京的做法，是父亲教她用江苏的方法制作的。这两种治馔的方式之所以不同，其一是选料标准不同，其二是江苏做法蒸制的时间缩短了三分之一。可别小看这十分钟，对于蒸鱼来讲，口感可就大不相同了。若是整鱼上笼不用三十分钟，全鱼无法蒸熟，盲目减少蒸制时间根本不现实。成菜之后倒是整鱼全熟了，可是已无鲜嫩可言了。而选用的去除脊骨的鱼片儿，二十分钟蒸制时间足矣了，它还保持着鱼肉的鲜嫩。如此说来，可太有减少蒸制时间的必要了。至于其他的差异，用猪网油还是肥膘肉以及食用时的作料，无非是北方口味和南方口味的饮食习俗的体现，都是小小不言的事情。

"吃主儿"治馔，就是好琢磨。

赛螃蟹

张奶奶在不是螃蟹当令的时候，也做过一款流行于北京的菜肴"赛螃蟹"。这个菜具体做法是用净鱼肉切成小条，加盐、绍酒、味精拌匀再加蛋清上浆，温油滑过，盛入碗中备用。另用碗把鸡蛋打散，把滑好的鱼条放在鸡蛋液中，再坐锅，放油，把加了鱼条的蛋液再放入锅中炒成块状出锅。另备葱姜末儿、绍酒、味精、盐、高汤少许，锅中倒油，油热下汁，开后，把炒好的鱼和鸡蛋倒在汁里，再用水淀粉勾芡，即可端锅离火盛盘。吃时可蘸姜醋汁。

您瞧这麻烦劲儿的，来回入锅出锅，可口感如何呢？口感怎么样暂且不谈，就是起的这个名儿，跟谁赛呀，您还能和螃蟹赛吗？与真正的炒蟹粉比，形似是谈不上的，口感就更提不上了。

祖父对张奶奶做的这些菜肴能不爱吃吗？每款都是精工细做，色香味俱全，糯软可口，鲜香无比，既有丰富的营养，又都堪称美味，祖父心中当然十分高兴。可在品尝美味佳肴之中不免心中有了想法：这天复一天的膳食，如同美食博览会，张奶奶不定又垫了多少钱了。果不其然，到了月底，张奶奶报账时又有超支。祖父早有心理准备，每次都是一再追问她垫了多少钱，还要还银行、肉铺、鱼店多少钱，总不能让她自己掏腰包吧？只要她能讲清楚的，都会给她一一补上。

应接不暇的早点

我独自在餐厅吃早餐，是因为祖父还保持着在床上吃早点的习惯。据玉爷和张奶奶告诉我，这是外国人的习惯。

祖父的早餐

祖父的早点每天变化甚少，就是一杯牛奶，或者一杯红茶加一小杯牛奶，两片烤面包片儿和一个只煎一面而另一面完全不煎的煎鸡蛋。

烤面包片儿和煎鸡蛋

张奶奶给祖父烤的面包片儿，有时也用馒头片儿取代。但是无论烤什么片儿，我是从来不去问津的，那是因为这种烤法太奇怪了。

烤面包片儿,是用一个专用工具烤制的,那是一个用铁丝编成的方形网状带长柄的夹子。面包片儿在烤制之前,先要在面包上面涂抹一层厚厚的黄油,这种黄油是含盐的咸味黄油。涂抹之后放在烤面包片儿的夹子里用明火烤制。黄油受热渗在面包片儿里,两面焦黄就可以食用了。

那个煎鸡蛋则更不成章法。它是在一个平锅里煎制的。当平锅里油热之后,把鸡蛋磕开,倒在锅里,只把一面煎好,也不翻个儿,就盛在盘子里,上面那面根本是生的。

这可怎么能吃得下去呢?

不过有的时候,祖父不吃煎鸡蛋,而改吃煮得半熟,蛋黄没有完全凝固的溏黄儿鸡蛋。这种鸡蛋倒是我小时候喜欢吃的东西。我想儿时我之所以喜欢吃它,是因为这种煮鸡蛋的奇怪的名字以及它那有意思的吃法。

兵蛋

这种煮鸡蛋的品名叫兵蛋。

吃兵蛋有专用餐具,那是一个状似酒杯的小杯子。把煮好的鸡蛋小头朝下放在"兵蛋杯"中,大的一头正好露在杯外。与"兵蛋杯"配套使用的是一个叫作"兵蛋匙"的小匙。吃法很有意思。那就是手持"兵蛋匙",用匙底敲击露出杯外的蛋壳,蛋壳破碎后,用小匙刮去碎蛋皮,鸡蛋的内膜也在小匙的刮动下裂开,用餐桌上的小盐瓶,就是西餐餐桌上常备用的调料架上的盐瓶，往鸡蛋里撒上一点点，用小匙抠食。食完之后空蛋壳还保留在"兵蛋杯"里。

这种食品称为兵蛋，是玉爷和张奶奶告诉我的。多年以后我曾为此问过父亲，但是父亲却说他不知道有这种说法。

可是从"兵蛋杯"和"兵蛋匙"的形制来看，肯定属于西餐餐具。但是我从小到大没怎么去过餐馆，又没有去西餐厅品尝美味佳肴的阅历，不敢妄加评论。

至于这种溏黄儿煮鸡蛋为什么称为"兵"蛋，看来似乎和士兵有关系。但它究竟是什么兵、是哪国兵就不得而知了。

张奶奶做什么，什么好吃

张奶奶有时也给我烤面包片儿或是馒头片儿，但都是直接在明火上烤，只是烤得微微发热就可以了，否则太焦、太脆不好抹黄油。吃的时候涂上薄薄一层淡味黄油，再抹点果酱就可以了。这烤面包片儿或烤馒头片儿只是一种吃法而已。

我更喜欢吃的是馒头，因为它既能整个儿烤成"烤馒头"，又可以做成"炒馒头"。这两种做法，都是我儿时最喜欢吃的东西。

烤馒头

烤馒头远胜于烤面包。那是因为整个儿馒头把外皮全都烤得焦黄，都成了饹馇，是多么好吃，而烤面包却不能达到这种效果。吃这样的烤馒头，不要再夹什么肉松，再夹什么酱肉，再夹什么黄油和果酱，干脆一句话，什么都别夹了，要是再夹别的还遮（读音同"者"）了它的味了。

可是要想把整个儿馒头烤成通体焦黄的饹馇，还真不是一件容易的事。如果在炉子边上烤，有的部分可以烤成焦黄的饹馇，可是有的地方会烤不着。要是把馒头转转个儿再烤，已经焦黄的部分很可能就煳了。

也得亏是张奶奶真能琢磨，那可真叫绝了。张奶奶用一个矮罐头的空筒，再把空罐头筒的底面也弄下去，使这个罐头筒成为一个名副其实的两头透空的铁筒。把这个铁筒内外刷洗干净，尤其是内壁不能再有油，否则烤馒头时冒黑烟。

烤的时候，把煤球炉子的火眼用炉火盖掩上绝大部分，只留下一条窄缝。把罐头筒架在这条窄缝上，把整个儿的馒头架在铁筒上，上面再用一个铁锅扣在架起的馒头上。铁锅要有一定的深度，既要能扣住馒头，又不能让锅底挨着馒头，还要用三块支火瓦（这个支火瓦就是当时日用杂品商店中可以买到的，用于在煤球炉子上架锅的专用灶具），放在炉火盖之外，把锅沿儿架在支火瓦上，使锅沿儿处在一个平面上。炉子里的热火通过炉火盖中心的火眼和尚未完全掩住的那条窄缝上升至锅底，环绕锅内壁再向下均匀地烘烤馒头。

估计好时间，如果火调得合适，用微火约二十五分钟就可以烤好。如果没有把握，可以在烤上之后，再设法把铁锅掀开，调整一下火的大小。不过如果中间掀锅，往往会影响烤制的效果，不大能烤出通体焦黄、外焦里软、口感极佳的烤馒头。

炒馒头

以前，北京人炒菜用的油基本上为两类，一类是动物油，如猪油、鸡油、羊油、牛油、奶油等；一类是素油，也就是植物油。当时市场上可买到的精炼植物油如生菜油、橄榄油等是不需要"欢"的。除此之外，像菜籽油、香油、花生油、椰子油等都是要"欢"的。

"欢油"本身并不是做菜，但却是做菜前必需的一道工序。把买来的油放在锅中加热烤至冒烟，等烟出尽，端锅离火，晾一晾再倒在一个专门盛油的小罐里，这就是"欢油"。没有欢过的油在老北京人的概念中叫作生油，而欢过的油则称之为"欢油"。

如果用凉馒头做早点，最好吃、制作方法最简单的莫过于炒馒头。它的制作方法是把凉馒头先切成小方丁，切葱末儿、姜末儿，再用一个碗打上一个鸡蛋，加盐调味打匀备用。锅坐火上倒入"欢油"，锅中油热之后，把馒头丁和葱姜末儿一起下锅干炒。这三种东西在热油锅里受热，当馒头丁要煳未煳的时候，葱末儿已经发出葱香的时候，把打匀的鸡蛋液倒在馒头丁上，快速翻炒，还要抄底，使鸡蛋液全部挂在馒头丁上。然后出锅，以馒头丁之外没有结块鸡蛋为成功之作。还可以在出锅前滴料酒数滴，放味精数粒。

做好之后，外焦里嫩，葱香、蛋香混为一体。这东西，甭说吃了，那香味就引人垂涎。

炸馒头

早点有时候吃"炸馒头"。老北京人都会做炸馒头。这种炸法和一般机关食堂做的干炸馒头片儿的做法出入甚大，所以有必要介绍一下。

张奶奶的做法是：把凉馒头切成片儿，另用碗打三个鸡蛋，锅放火上加"欢油"，油热后，用筷子把馒头片儿放在鸡蛋液中一蘸，使馒头片儿上全蘸上鸡蛋液后放在锅中炸。火不能太大，否则鸡蛋容易炸焦；鸡蛋液不能有一点没蘸上，否则形成不了馒头的鸡蛋外衣。炸好后夹到盘中控油，再炸第二片儿。炸馒头吃之前撒上白糖。它虽然是炸制的，但也同样是外焦里嫩，口感极佳。这种做法与干炸馒头做法相差甚远，而和"炒馒头"异曲同工，只不过一种是咸香一种是甜香之别。

肉丁馒头

"肉丁馒头"原是北京旗人春节的必备食品，腊月即可以蒸制，蒸出来放在户外的大缸里，盖好，随吃随馏。其馅儿是用五花肉切成极小的小丁加黄酱、香油、葱姜末儿拌制而成的，属于口感咸香的蒸制食品。老北京人几乎都这么做。

可张奶奶制作的"肉丁馒头"馅儿和以上做法不同。首先用的猪肉不是五花肉，而是硬肋。切肉丁可切大点，因为它不像五花那么软。究竟切多大的丁呢？就是切成比制作肉丁炸酱的肉丁小一半的肉丁。另外把冬笋剥去外皮，一剖两片儿，坐大蒸锅，锅开后，上笼蒸五分钟，端锅，切成小丁。笋丁比肉丁小，这点一定要注意。

拌馅儿除姜末儿、葱末儿、香油之外不能用纯黄酱，而是用八成的甜面酱、两成的黄酱，不但加糖而且还要加盐。把以上各种东西拌成馅儿包出包子，上笼蒸，旺火一刻钟左右蒸熟。其口感甜中带咸，鲜香可口。

三丁包子

"三丁包子"原属南方口味，制作馅儿时则更为麻烦。

"三丁"是猪肉丁、鸡肉丁和冬笋丁。猪肉还是选用硬肋，但是在制馅儿时已经是熟猪肉。制法是先煮一只鸡，煮熟后，把鸡胸撕下来备用。把鸡汤撇出浮油，去掉底渣，把猪硬肋放在鸡汤里煮，煮至用筷子一戳即入之时把肉捞出备用。冬笋剥去外皮，一剖两片儿，旺火蒸五分钟后端锅。三种原料分别切丁，但是切的丁不能一样大。其中熟鸡胸丁最大，约二分见方，肉丁小于鸡丁，笋丁小于肉丁。锅内放入鸡汤、虾子、酱油、盐、白糖调和后，再放入切好的三丁，坐在火上煮沸，再用小碗调淀粉汁少许，洒在锅中，用锅铲翻炒，使锅中的汁水浸入三种丁之中，盛出晾凉后才能作为馅儿，再包成包子，旺火一刻钟即蒸熟。

做什么有什么讲究

会蒸馒头是很普通的事。以前北京人自己发面用碱做馒头、糖三角、花卷等，本是不值得一提的。但是张奶奶的糖三角有一点和有些地方做的不甚相同。

糖三角

这还缘于玉爷给我讲的一个小故事，说有个小孩，夏天吃糖三角把后脊梁（北京土话读 ning）烫了的故事：一个小孩吃糖三角，咬了一口，糖三角里的糖从咬的口儿里流淌出来，那个小孩就赶紧舔，可是没舔完，糖顺着流到胳膊肘那儿，他把嘴凑到胳膊肘下面接着舔，举着的糖三角已经到了脖子后头，再流出来的糖滴在小孩的后背上，把后脊梁给烫了。

每次玉爷讲到这里，张奶奶总是说："瞧这孩子多叫人心疼。孩子不懂，大人干吗哪？这家的大人还真不会做饭，让孩子遭罪。"

张奶奶这番话不是没有道理的，张奶奶做的糖三角是不会滴出糖来的，其实做到这点非常简单，在往糖三角中包黑糖时，只要加一点蒸熟的面粉即可。

澄沙包

"澄沙包"可不是豆沙包，在当时制作起来还是很费工的。也就是依赖张奶奶的精湛厨艺和专用工具，否则制作更加麻烦。

首先要把上好的红小豆挑一遍，把豆子里的小石子、土块、杂豆、坏豆以及一切杂质一一去除。把豆子洗几和后，再泡几小时，然后煮。煮时不能加碱，一是对身体有害，二是影响口感。这种煮法和一些店铺的做法是不同的。

几小时后煮成稠豆粥，趁热过罗，把过出来的豆汤及豆蓉盛在一个大容器里。把罗上未滤下去的含有豆皮的豆蓉放在一个专用于制作澄沙的大砂蔸子里。这是一个口径有小洗脸盆大小的容器，在它的内壁从沿口到蔸子底排列整齐的是一条条纵向窄条，窄条上有棱，状如细长条搓板，相邻数条搓板的棱是高高低低相错开的。把含有豆皮的豆蓉放入其中，用手握一个竹片制作的长柄刮板反复把豆蓉在盆壁上抹压，使豆皮与豆蓉分离。如此反复抹压之后，再把它架在另一个容器上，用大匙分别扣蔸子中的豆蓉和另一容器中的豆汤再过罗，把净豆蓉完全罗出。把罗出的净豆蓉倒在一个制作澄沙专用的大布口袋里，把布口袋吊起来，使包里多余的水淋（读音同

"客")出去。

数小时后，把淋完水的净豆蓉按一斤豆蓉、一斤半白糖、四两熟猪油的比例炒制。炒制的方法是，把锅坐在火上，先放熟猪油，油化稍热时把豆蓉和白糖同时下锅翻炒。炒时应注意一不能烟锅，二不能巴底。如果太干还可以适当加一点淋出的豆水，但也不能炒得过稀，否则它也不能成为馅儿。炒制过程中还要添加糖桂花以增加香甜程度。

用这种方法制作的豆馅儿因为有过滤豆皮的工序，所以称之为"澄沙馅儿"。用这种馅儿制作的包子就叫作澄沙包。

藤萝饼

每年四五月间，是藤萝花盛开的季节。北京的各个糕点铺的"藤萝饼"和"玫瑰饼"也该上市了。因为这两种酥皮点心都是用鲜花制馅儿烘制而成，所以格外受人欢迎。

家庭中制作的藤萝饼和糕点铺的又有不同。虽然称之为饼，实际上是一种包子。以前北京人很讲究这款时令包子。在这个季节摘上五六串盛开的藤萝花，把花蕊及花蒂去掉，只留紫、白相间的花瓣，拌以白糖、猪脂油丁调制成馅儿，包成扁片儿状的包子。又白又软，口感却比糕点中的烘制品好吃多了。

而张奶奶每年制作的藤萝饼又比一般家庭制作的技胜一筹，那就是选料精良，不惜工本。虽然用以上八个字，却也没费什么钱。那是因为家里就有藤萝架，大可不必为尝一口鲜，向人家要上几串藤萝花，如果那样儿当然只能用盛开的紫白相间的花瓣制馅儿了。

料是自有的，所用的工就是玉爷和我。玉爷是大工，我是小工。他在一根竹竿头上用铁丝捆一个钩子，去选那含苞欲放的一串串藤萝花蕾串，不大工夫就弄回来数十串。玉爷告诉我，在每一串上只要那没开的花蕾，那个开了的不能要，太小的花也不能要。这倒不难，因为每串上只把没开的花蕾挑出来就行了。这样够标准的花蕾在每串上不过只有三分之一。

玉爷手把着手教给我，把那些包着的花蕾轻轻一提，再把花瓣一揪，就把它从花蒂上揪下来了，再用手指一捻，把包在花瓣里的花粉、花蕊露出来，用手指尖捏着花瓣尖一抖，那残留在花瓣里的花蕊和花粉就落在地上，这时就可以把花瓣放在碗里了。虽然每串够标准的花蕾不是很多，但是我们采的花串非常多，择一大碗花瓣是非常容易的。

把择出来的净花瓣放在容器中洗干净就可以拌糖了。拌完糖把它放置一小时左右，花瓣被糖渍得蔫了，再用猪脂油剥去脂皮切成小丁倒在花瓣上，拌成馅儿就可以包藤萝饼了。虽然是蒸的，还要做成圆饼状，蒸熟之后清香暄软。

油炒面

每天做的早点几乎都是由张奶奶负责。可是有一种食品却是玉爷的专利，那就是"油炒面"。这个东西还有个品名叫作"油茶"，可是当年我从来没听玉爷和张奶奶这么叫过它。

所谓油炒面就是用油炒过的面。炒面用的油可有讲究，用的是牛骨的骨髓油。

具体做法是先去牛肉铺买几根牛腿骨，用锤子把它们逐根砸碎，取出牛骨髓油，还要预备一些果料，其中有黑芝麻仁儿、白芝麻仁儿、瓜子仁儿和核桃仁儿。我小时候还想让玉爷再加点杏仁儿、花生、栗子、榛子什么的，玉爷发话了：做什么东西都有规矩，该搁的搁，不该搁的不搁，要是该搁的不搁不该搁的搁了，那可是露怯了，那多让人家笑话呀。他倒是没露怯，可说的这一通话都快成了绕口令儿了。再者了，您老爱说让人家笑话，人家在哪儿呢，这不是没有别人吗？可是说归说，怎么做，还得听玉爷的。

玉爷说过，这核桃仁儿要放到油炒面里头先得把那薄皮儿去了，要不它那层皮有苦味。所以玉爷预备的核桃仁儿全是剥去内皮的净核桃仁儿。不用说这些核桃仁儿都是他事先剥好又晾干了的。他曾经说过，这个你还不能怕麻烦，要是买，也能上干果子铺买来没有苦皮的净核桃仁儿，可是那都是陈年宿货了。你想想铺子眼儿（商店）能用当年的新核桃给您剥了苦皮砸成小块，那他不赔了本了吗？那都是搁了几年的陈货，有的受潮了，有的让虫子嗑了，把坏的地方掰下去，又怕没人要，费点劲让小伙计吃完了晚饭，油灯底下剥去吧，那玩意儿还能吃？一点儿香味都没有了。要是"力巴头"（外行）图省事买回去，这不让人给蒙了吗？再拿它做油炒面，光这一味就把炒面加了苦味了。这还算是好的，弄得不好，都有了哈喇味了，这可是为什么许的呀？

果料中只有瓜子仁儿可以生用，而芝麻仁儿要先用微火炒出香味，核桃仁儿必须炒熟用刀剁成细末儿才能用。

炒的时候还真麻烦。先把锅坐在火上，用微火干炒面粉，边炒边用锅铲不停地翻，使面粉均匀受热。炒约半小时，面粉已呈黄色，面就炒熟了。端锅离火，把熟面晾晾，稍凉后过罗，还倒回锅中。另用一口锅把牛骨髓油倒在里头，用旺火烧油，烧得将要冒烟的时候，把熟面粉倒在这口锅里和热油充分搅拌，再把炒香的芝麻仁儿、剁成细末儿的核桃仁儿以及生瓜子仁儿一起放在熟面里搅拌匀了，随即端锅离火，晾凉后盛放在事先备好的带盖儿的容器中。最后把盖儿盖严了封闭保存，防止回潮。这就是成品油炒面。

吃的时候，用一个碗，扎上几匙油炒面，爱吃甜的加糖，爱吃咸的加盐，悉从尊便。稀稠也是自定，无非多扎几勺少扎几勺而已。用滚开的水一冲，用小勺紧着搅拌，搅成糊状就可以吃了。

据玉爷说，这油炒面如果不用牛骨髓油还可以用奶油炒。张奶奶则说，用奶油炒比用牛骨髓油炒的好吃，要是有奶油还不用牛骨髓油哪。玉爷似乎不同意她的说法，他说用牛骨髓油和用奶油是两种做法，各有各的味，都好吃。我急了，我说我还不爱吃用奶油炒的哪。张奶奶倒没词了。我小心眼儿里头有我的想法，好容易做得了，就赶紧吃吧，还得换成奶油再炒一遍，那得等到几儿去呀？再者了，张奶奶您不是也说，现在蒙古奶油买不着，买不着，您什么时候才能给我做，我什么时候才能吃上？这不是瞎耽误工夫吗？

张奶奶说的"蒙古奶油"，并非做奶油点心的黄油或是奶油，而是产于内蒙古的奶油，是放在牛肚（读音同"堵"）子里运到北京的奶油。它是当年位于东四八条口儿附近的饽饽铺瑞芳斋制作的"奶油萨其马"中必不可少的一种配料。我小时候还有这个铺子，也还能买到用蒙古奶油制作的奶油萨其马，但是到我上学时已经买不到蒙古奶油了。

现在那奶油萨其马、卖萨其马的瑞芳斋早已如过眼云烟了。不要说我周围的朋友很多人没听过、没见过这种东西，就是去任意一家糕点商店、大商场、超市中的糕点柜，如果向售货员提及此物时，得到的答复必然是：从来没有过这种东西，从来没听说过这种东西。那真是异口同声，说的比写的还准哪。

说的这些话离题也太远了。油炒面冲调好了，赶紧吃吧。

腊八儿粥

当年家里制作的另一款可用于早点的食品，就是腊八儿粥了。每次做这个粥都是玉爷和张奶奶通力合作，共同完成的。做的这个东西，好吃是谈不上的，不就是杂粮加上杂果的甜粥吗？可是不做它又不行。当年祖母在世时，晚年是个虔诚的居士。张奶奶来我家还跟这个有密切的关系。后来家中虽然不设佛堂了，但是每年仍有拜佛祭祖的习惯。

北京有句俗话："腊七腊八儿，冻死寒鸦儿。"在老北京人的概念中，这两天是整个儿冬季最冷的两天。粥虽然是在腊八儿用，当天现煮是煮不出来的。总要在头天就开始着手，把腊七搭进去，才能把"腊八儿粥"熬好。

这腊八儿粥和拜佛祭祖有什么关系呢？据张奶奶说，那当儿，腊八儿那天一大早就陪着祖母去广济寺举行什么大典，布施寺院大洋若干块，广济寺也不白要钱，还给点腊八儿粥喝；什么信佛的人都把腊八儿那天称为腊八儿节，还叫什么佛腊……可别让张奶奶提起这些事，一提起来絮絮叨叨的就没个完了，要是一句挨一句地听，早晕了。这都什么跟什么呀，怎么这么复杂呀。说了归齐不就是腊八儿那天是佛祖释迦牟尼证果成道的吉日良辰吗？可他怎么单喜欢喝这腊八儿粥呢？我也不敢多问。玉爷这两天可倒了霉了，天天都得帮张奶奶做粥。

这粥做起来也太麻烦了。糯米、大米、小米、玉米糁、白高粱米、红高粱米、大麦米、黄米、苡仁米、鸡头米、芸豆、绿豆、红小豆、白扁豆等等吧，还有各式各样的杂粮、杂豆，都得煮到这粥里头。这些东西煮熟的时间都不一样，还要先把不爱熟的煮上，再逐一往里头加，最后下比较易熟的东西。这不是折腾吗？要做出的东西真好喝也倒不冤，这玩意儿也不就是个杂料粥吗？这还不算完，还有粥果呢。干百合、干莲子、干桂圆、松子、榛子仁儿、杏仁儿、核桃仁儿、栗子、红枣儿，红枣儿还要先煮熟了去皮去核。这挺好的红枣儿，要真费那个劲，做成"枣栗汤"不比这个强？再说了，弄点核桃做"核桃酪"不好？这核桃酪也属于我不爱吃的东西，可再怎么说，它总比这粥口味好吧。

我这些想法，在小时候也只能是个想法，心里念叨念叨倒成，跟张奶奶、玉爷他们说不也是白搭吗。再说了，我真这么说，祖父又该说我不懂事了，那又是何必呢？

一天下来，总算是有了结果了，总算是把这粥熬出来了。可是谁也不许喝，先得把它盛在一个罐子里头，放在供桌上拜佛祭祖。然后才能撤下来，大家分食。张奶奶还有话，说的是"上供神知，撤供人吃"。

就是到了现在，北京依然有着腊月初八喝腊八儿粥的习俗，可是总算没有那么多的说道，没那么多的讲究了，也犯不上头一两天就开始预备这么多麻烦事了。

我的早点远不止以上几样，那简直是太丰富了。也许这一天吃的是牛奶、面包夹猪肝酱；又一天牛奶换成了豆浆，或者被浓香可口的蔻蔻（即巧克力）取代，面包夹的猪肝酱换作花生酱，或是橘子酱；在另一天豆浆被大米粥取代，也有可能换作了小米粥、红豆粥、莲子粥。有玉爷在胡同口儿外烧饼铺买来的芝麻烧饼、炸糕、油饼、油条、马蹄烧饼，有在东四牌楼北边瑞芳斋买来的奶油萨其马，有宝兰斋买的小什件，或自家蒸的椒盐花卷、乌麻包子，外面买的面茶、杏仁儿茶，什么东安市场内吉士林的奶油茶点、东华门义利公司的柠檬夹心饼干。至于像什么馄饨、芝麻酱糖饼、葱花饼、萝卜丝饼、馅儿饼，还有那丰糕、元宵、粽子、百果年糕、蒸老玉米、烤老玉米、烤白薯等等，更有一些我一时想不起来的各种各样的食品。有家里制作的，也有外面买的，五花八门、不同品类的食品都出现在饭厅，出现在我的餐桌上，让我应接不暇。

玉爷的『洋行头』

相比之下，玉爷办事可比张奶奶严谨多了。秋天叫煤、春天修房以及很多家居杂样支出都由玉爷经手。玉爷实际文化水平不过初小，写个账，算个什么，比张奶奶可费劲费大了。可是他总是坐在桌子旁边，戴着花镜把一笔笔账目誊写数遍，清清楚楚写在纸上。别看通篇错别字不少，可是井井有条，丝毫不差。

玉爷平时的穿着比张奶奶简单多了，从衣服的样式和质地来讲远没有张奶奶那么讲究。

玉爷和他那几身衣裳

可是如果仔细地观察玉爷的衣着，就会发现一个现象，那就是在一天之中他在频繁地倒换着两身儿衣裳。这两身儿衣裳式样相同，颜色也差不到哪儿去，只是有着新旧之分。一身是在外头干活儿穿的，干完了活儿，用布条做的掸子在全身上下仔细地抽打一遍，洗手洗脸，换上那身儿干净的，服侍祖父或是陪着我玩儿。那两身儿衣裳，都是中式裤褂。上身儿是对襟小褂，从上至下没有一个扁片儿的扣子，全部都钉的是纽扣和纽襻。袖口儿高高挽着，露出本色白的里子。

要是到外面办事或是带我上街的时候，还要换一身儿与那两身儿衣裳做工相同，但是显得更新、浆洗过的中式裤褂。和在家里不一样的是，他把本来放在内衣兜里的那块怀表拿出来，在外衣上仔细地别好。在我的记忆中，玉爷的这块英国造的怀表从没有离开过身，那是祖父送给他的，他一直带着它。玉爷腿上紧紧打着绑腿，穿着一双剪子口的布鞋，永远透着那么利落，那么精神。

在玉爷的衣柜里面还有一身让人发笑的衣服和一双擦得锃光瓦亮的黑皮鞋。他和我出门的时候，从来没有穿过它。玉爷不爱穿皮鞋，他说皮鞋没有布鞋舒服。可是在有的时候，他不但要穿皮鞋，还要换上那套衣服，那就是家里请外国人吃饭的时候。

到那一天，玉爷的装束彻底改变了。脱去那身儿平常穿的中式裤褂，摘掉那只永远挂在身上的怀表，换上那身儿让人发笑的衣服。那是一套白色的制服，上衣的领子是小立领，还绣着花边，上衣口袋里插着一块手帕。裤子就更有意思了，白色笔直的裤腿上还有两条红道儿，脚上换上那双擦得锃光瓦亮的皮鞋。玉爷是怎么了，不是皮鞋不舒服吗？不是比布鞋板脚吗？那您为什么还要穿它呢？

请客也是在饭厅。饭厅里的椭圆形餐桌完全展开了，餐桌周围放置十二把高背皮面餐椅。

在家里请客吃西餐，我最感兴趣的并不是这吃西餐本身，也不是因为又会有那个又高又胖的外国老爷爷给我带来的那好看的画书和装潢精美的蔻蔻糖（巧克力以前的名字）。我感兴趣的是这个打开的餐桌，因为那时候又要在餐桌上铺上雪白的餐布，四周低垂下来，成了一个帐篷，我又可以钻在桌子底下让玉爷、张奶奶找不着我。

我感兴趣的还有一进门那张也铺着白餐布的小桌子，那上面有好几瓶酒，酒的颜色很美。可是听玉爷说那些都是酒，是一种很不好喝的东西，我从来没碰过它们。席间的饮料多好喝呀！那冒着气泡的苏打水虽然有点咸，可它不难喝。还有番茄汁，那微微辛辣的特殊香气多美呀！而在这个桌子上，我的兴趣所在是放在盘子里的小块乳酪和那上面插着牙签的小块三明治。无论是猪肝三明治、鸡肉三明治还是玉米三明治，都是我最喜欢吃的东西。

客人都坐齐了。真的要开席了，您瞧玉爷开始上菜了。要不然怎么说玉爷不爱穿皮鞋呢，还真是的，怎么他一穿上皮鞋就不会笑了呢？怎么也不和我聊天了？他像变了一个人似的，准是脚痛。

我小时候对西餐兴趣并不是很大，规矩太多，我不能坐在祖父身边，总是坐在中间的座位上，还不能换座位。因为在我座位前面的盘子里有一张小纸片儿，小纸片儿上写着我的名字。

菜也没什么新鲜的，不就是"拌生菜""土豆沙拉""牛尾汤""西法大虾"，还有"咖喱鸡"，最后竟然是"烤大雁"。这是典型的中国人请客吃西餐的上菜方式。外国人的食量比中国人小，请客也不会上很多菜，而中国人在那种场合往往吃不饱。所以用西餐请客时菜品起码要比外国人请客标准多一两个菜。这些菜之中，尤其是那个烤大雁，您瞧那位又高又胖的外国老爷爷，一瞅见这道菜上来，眼睛都亮了。这至于吗，这有什么好吃的？大雁的肉又硬又老，吃西餐没意思就没意思在这儿了。切到盘子里的东西，甭管多不爱吃，也要装出爱吃的样子把它吃掉。我可真有点儿受不了了。

"吃主儿"不甘心于人云亦云

父亲做西餐也有独到之处。

按说西餐比中餐距离现实生活远，可是父亲学习西餐的烹制，从完全不会到做起来得心应手，却没费什么劲儿，细想起来都在不经意中。那是由几个因素造成的，主要原因是在他大舅家有两位年龄比他大十余岁的表哥，这两位绝对是"吃主儿"，不但会买而且会做，对于烹制西餐可谓是研究入深（确切地说，不仅是西餐，研究中餐也非等闲之辈）。为使所烹制的菜肴符合自己的标准，符合自己的口味，根本无"成本"二字可言，料不惜费、食不厌精，每次表弟造访，必亲自烹制，以尽地主之谊。在言传身教之下，父亲哪有不通之理？

再加上祖父祖母本人的饮食习惯，全家去西餐馆就餐也是常事。家里还有一本早年出版的英国原版西餐菜谱。父亲在信手翻阅之后，也时时按图索骥加以尝试、实践。

"吃主儿"之所以称为"吃主儿"，是因为他不甘心于道听途说，不甘心于人云亦云，不甘心于先入为主。

无论是中餐还是西餐，首先都存在一个相同的问题，那就是同是一款菜肴，选什么样的料，用什么样的方法制作，才能取得最佳效果，才能称得上美味佳肴，这不是一件简单的事。

例如烹制某款菜，如果是出于一种商业行为，那必然受到原料供应、成本高低等诸多因素的影响，从而最后影响到这款菜的最高口味。

如某款菜最正宗、最原始的选料和做法是根据它的产生地当地人的饮食习惯和口味，而引进这个菜的商家为了迎合本地人的口味，把它大删大改，不但替换了某种关键的主料或是配料，还改变了某种必要的制作方法，烹制出来的菜肴与本款菜肴的原作口感相差甚远。如果分别品尝这两款菜，会轻易地发现，修改后的菜肴与它的原版比较，只是形似而已，其口感已远逊于它的原作了。

更有甚者，有的商家出于降低成本的目的，选用质劣价廉的替代品取代原款菜的主料和配料，这样做出来的东西已成为了有其名而无其实的不伦不类的东西。如果分别品尝，后者和前者丝毫也联系不起来了。

还有一种情况，和以上两种情况不同，那就是某款菜的诞生地，受到当地原料的局限，虽然烹饪的方法相当有特色，但是做出来的成菜，其口感并没有达到"吃主儿"认可的标准，并没有让"吃主儿"认为它就是美味佳肴，并没有让"吃主儿"认为这就是最高享受。"吃主儿"绝对不会墨守成规，一味拘泥的，他一定会按照"吃主儿"所信奉的"博采众长，兼收并蓄，依我所好，为我所用"的原则，加以改进。在保证原版正宗做法的基础上，选用自己认可的高品质的原料，制作符合自己口味的美味佳肴。可是，进行这一步时，花费巨大的精力是必然的，具体操作起来，十分烦琐，总之一句话，那可就费了大劲了。

为了确实做到这最后的一点，那就需要亲自制作，加以对比。某款好，好在什么地方，不足，不足在什么地方，哪一点比前款改进了，哪一点不如以前了。麻烦吧，那没办法。只有亲自动手，自己一一品尝，才能掌握第一手资料。否则只能是道听途说，人云亦云，仅此而已。

还有一个重要的问题，那就是同样是个"吃主儿"，他们做的菜有的时候是会口味一致，可是在更多的情况下，他们做出的菜口感出入很大，相差甚远。那是因为"吃主儿"做菜是根据自己的口味确定菜肴的口味的。但是有句俗语谓之"众口难调"，这众口之中难道就不包括"吃主儿"？那是不可能的。您设想，一个喜辣的湖南人，一个喜甜的上海人，这俩"吃主儿"相遇，二位想做点儿菜聚一聚，那么以谁为主呢？换句话说，两个人是做辣口儿的湖南菜呢，还是做甜口儿的上海菜呢？那就要各做各拿手的菜，试图以自己得心应手的菜肴求得彼方的认同。因为"吃主儿"做菜的信念非常明确，否则就谈不上"依我所好，为我所用"了。

这样的情况可以由以前流行于北京的一句土话来描述，这句话就是"钱大买不了钱二"。表面的意思是，您有钱，您是钱老大，但是您能用钱买任何东西，但总不能把我"钱老二"买去吧？引申的意思则是谁也不能强加于谁，您是个"吃主儿"，我也是个"吃主儿"，您的吃法不能取代我的吃法。

对父亲而言，表哥的口味也不能让我盲从，我凭什么非要步您的后尘呢？父亲还是认准了一句话，就是"实践出真知"。他不厌其烦地反复试制，加以对比，把各种方法都试制一遍后，根据自己确立的标准，重新审视，总结确定以后制作这款菜肴的选料、制作方法，把这个学会的菜肴，改变成为自己制作的菜肴。他此时制作的菜肴很有可能和他学的那款菜的口味有所改变，但是那并无大碍，他所改变的只是使这款菜的口味更近自己的口味，而不是脱离了原作的基础，任意删改。如果真要如此，还不如痛痛快快地创个新菜，还有什么必要去学这款菜呢？

同样具备"吃主儿"资格的人，在他们相遇时，还有一种特殊的情况，这就是其中某位"吃主儿"，早就想学习对方制作的某种风味菜肴，他想尽快地、原封不动地学，想学的程度已经达到了梦寐以求的地步。现在机会来了，他能轻易放弃吗？他能不珍惜这个机遇吗？那是绝对不可能的。他一定会全力以赴地、认认真真地去学，一点一滴，一点不落地去揣摩，去体会，力求做到和原作不相上下。

也正因为这个缘故，张奶奶在父亲制作西餐时，给他打下手，在打下手的操作中学会了制作西餐。

现在把当年父亲曾经制作过的并且教会张奶奶的那些菜肴介绍如下，一来可以使您对父亲和张奶奶制作的西餐菜品略见一斑；二来也可以通过实例，切实了解同为"吃主儿"的父亲和张奶奶在制作菜肴时如何突破"墨守成规、一味拘泥"的治馔方针，以及他们如何运用"博采众长，兼收并蓄，依我所好，为我所用"的烹饪思想。

三明治讲究夹酱

在用西餐宴客的餐前，除饮开胃酒之外，就是食用开胃小食品；除小块蔻蔻糖以及把干酪切成小丁之外，就是三明治了。

这种三明治做得可是太袖珍了，充其量只有骨牌大小，上面插着牙签，供客人选食。三明治的最外两层是面包，它里面是酱状食品。

猪肝三明治

这"猪肝三明治"里的猪肝实际上已是代用品了，因为这款三明治按正规做法是用鹅肝制作的"鹅肝三明治"，后来因为在北京的市场上鹅肝不易买到，才以猪肝当作替代品。

做这款三明治，首先要制作猪肝酱。

买几块新鲜的猪肝，洗净后切成大块放在锅里煮。煮时加绍酒、葱段、姜片儿、花椒数粒、盐少许，在水将沸未沸时撇尽浮沫儿，改小火煮约二十分钟端锅离火。如果初学时火候拿捏不准，可用一个比较笨但又是切实可行的方法确定生熟，那就是用筷子夹出一块猪肝，把它放在砧板上，用刀把它切开，肝内部如已无血说明肝已煮熟。如果尚有血，说明还欠火，还需煮一会儿。但是也不能煮得过老，过老不但影响口感，还影响到下一步的制作工序。以上这些本人在上小学时的暑假之中有过多次体会，所以记忆犹新。

肝煮熟端锅之后，把肝用漏勺捞出来控水，还要用筷子把粘在肝上的花椒粒一一挑出去。晾一晾，别等肝凉透了就把它放在切熟肉的砧板上，用专用于切熟肉的刀把它分割成小块儿。在分割时要把猪肝上的筋揪出去弃之。具体操作是这样的，揪筋时要用左手揪着筋，右手持刀，用刀尖按着肝体往下揪，否则无法完成这一工序。

下一步把熟猪肝放在专门用于绞熟食的手摇绞肉机中，把猪肝绞一遍。这种绞肉机原先在一般肉铺、副食店里都有。自从这些商店改用电动绞肉机后，就很难见到了。当时一般有绞肉机的家庭，家里只有一台绞肉机，而我家却有两台，和砧板、菜刀一样，也都是生、熟分开。

把绞好的猪肝盛在一个容器里，加上化开的但是并不很热的熟猪油、胡椒粉少许、盐以及一点点糖，用拌馅儿的竹板或筷子搅拌至匀。再用勺子把它�到绞肉机中绞三遍。

当时这种绞肉机制作得还是比较科学的，它里面绞肉的芯分粗、细两种，拆装十分方便。此时把粗绞芯拆下换上细绞芯，再绞三遍，才算完工。猪肝在完成这道工序时就制好"猪肝酱"了。

下面制作就简单多了。用不甜的切片儿方面包，把四边切下去，夹上猪肝酱，再改刀切成骨牌大小的块儿，每块上面插上一根牙签，一插至底，露出大头。这样既可方便取食，又可使制成的袖珍三明治不至于散开，真是一举两得。

当时家中还有一把用于切面包片儿的刀。这把刀的长度比菜刀稍长，但没有菜刀那么宽，它的刀刃是波浪状的。因为当时在市场上，有时可以买到已切成片儿的面包，有时则买不到，在这种时候就要自己切片儿。但是切面包用普通菜刀是不能切成整齐的片儿的，只有用这种刀才可以轻易地、随心所欲地把面包切成自己所需薄厚的片儿。如果真要自己切面包，还需要有一定的刀功，否则切的片儿薄的薄、厚的厚，可就麻烦了。如果是在现在这简直属于无稽之谈，什么样的切片儿面包买不着。但是在当时，包括我上小学甚至中学的时期，市场的状况就是如此。

玉米三明治

还有一种素三明治——"玉米三明治"。制作这种三明治首先要制作"玉米酱"。

选购玉米时要选用老嫩适中的玉米。在挑选玉米时，要把它的外皮撕开，用指甲掐一掐，如果能掐出白浆就基本差不多了。但是所选的玉米又不能太嫩，太嫩的玉米倘若蒸食，那确实是一种美味，可是制玉米酱，它不适合。

买回来玉米之后，洗净剥去外皮和玉米须，但是必须保留内皮，因为只有这样才能保证蒸熟后的玉米有一股玉米的特殊香味。

蒸熟晾凉，先把保留的玉米皮去掉，再把玉米豆儿从玉米芯儿上弄下来，因为这种玉米还偏嫩，蒸熟之后剥豆儿比老老玉米还麻烦点，张奶奶先把熟玉米上某一两行玉米粒从底到顶弄下来，然后再剥其他玉米豆儿就显得容易多了。全剥完之后把玉米豆儿放在绞肉器里绞一遍后倒入容器中备用。

这玉米酱的一种主要配料都要在头天准备好，这就是"鸡清汤"。

把鸡清汤放在锅里加盐，沸后改小火加入几片儿黄油，当黄油溶于鸡汤时，加糖调味，再加味精少许。之后，对入已绞了一遍的玉米之中，再用竹板或筷子搅拌均匀。这里注意的问题是：鸡清汤只是添加品，绝不能加得过多，如果成了粥状就无法再往下做了。

把搅拌好的玉米用绞肉机的粗绞芯和细绞芯分别绞三遍，玉米酱就制成了。下面就按夹三明治的程序做。

鸡肉生菜三明治

至于"鸡肉生菜三明治"，基本上是用下脚料做成的。这款三明治用于西餐席中并无大碍。可是这样的选料和制作方法如果出现在中餐宴席中，简直是不可思议，至少我觉得不大可能。

首先是鸡肉，来源于煮鸡清汤捞出的那只鸡。这只鸡的鲜味已经全融在鸡汤里了，鸡肉实际上已没什么可取之处了，可是为了物尽其用，还是把它的鸡胸摘下来，用绞肉机先绞一遍，放在容器中备用。生菜来源于制作冷盘拌生菜的下脚料，也就是用拌生菜择菜择下来的较老叶片。洗净消毒后放在用于切熟食的砧板上，用切熟肉专用刀先切成细丝，再切成细末儿——只能切，决不能剁，否则一出汤，就没法用了。把生菜末儿和鸡肉用竹板或筷子搅拌，搅拌时加入一些鸡清汤和部分鸡油，就是制作鸡清汤时撇出来的油，加这两样的意思是让已出尽鲜味的熟鸡肉又添加了点鸡的本味。还要加盐、糖、味精调味。最后把它用绞肉机的粗绞芯和细绞芯分别绞三遍，就完成了"鸡肉生菜酱"。

在以上三款三明治中，据我的感觉是玉米的最好，猪肝的逊之，鸡肉的最差。但是如果制作高品级的鸡肉生菜三明治并非难事，只要选料标准高了，味道自然就好了。这里介绍的不过只是个制作方法而已。

另外，前两款三明治在我小时候还常用它当作外出郊游带的午餐。那时出外郊游，路程无论远近，几乎没有在外面餐馆吃过饭。郊游带去的三明治，也就是用两片儿面包夹好了酱再去掉四边，用干净的油纸一包即可，不用再改刀切成骨牌块儿了。

我家制作的奶汁菜

"奶汁菜"是一大类菜，如"奶汁烤鱼""奶汁烤菜花""奶汁烤芦笋"等等。做这类菜先要调制奶汁。

调制奶汁

先用大碗一个，倒入牛奶一磅或一斤，备用。置锅于微火上，倒入生菜油少许，油稍热加入黄油两三片儿。当黄油完全化开，倒入面粉小半碗，翻炒几下，用餐匙扣一匙牛奶倒入锅中，用长柄铁勺把面粉碾开。粘上油和牛奶的面粉在长柄铁勺的碾压下会形成一个一个的小疙瘩。这种小疙瘩的表面是牛奶、油以及面粉结成的面糊，它的内部却还是干面粉，要用长柄铁勺把这些小疙瘩一一在锅壁上碾碎。这项工作麻烦就麻烦在往往不能一次就把它全碾碎。那个长柄铁勺的勺上粘上了牛奶、油和面粉混合的糊状物，使它无法在锅壁上着力，还要另持一个勺子把长柄铁勺上粘的奶面糊刮下来，再不时调整长柄铁勺的角度，使小疙瘩处于长柄铁勺的弧度与锅壁之间的着力点上，才能把那些疙瘩碾开。但是十有八九这个被碾开的小疙瘩又变成几个更小的小疙瘩，这时还要不厌其烦地，一一再把它们在锅壁上碾开。

在操作过程中，是不可能在短时间内就做完碾压这一步的。但是，此时锅是坐在火上的，即使火再微，在这样长的时间里也会造成锅中的奶糊变焦、变煳，所以为了锅不至于在这个过程中过热，要时时把锅从火上端下来。

往锅里加牛奶要一小匙、一小匙地加，当把奶面糊中的小疙瘩碾开时就可以加牛奶了，加牛奶之后要用长柄铁勺把加进去的牛奶和奶糊搅为一体，随着锅中的温度升高，奶面糊又逐渐变稠，则要再加一小匙牛奶，直至把这一碗牛奶全部加入奶面糊之中。

调奶汁时，火候的掌握是个难点，如果是初学者，更会觉得这是一大难关。又要把牛奶全部加进去，又不能一次加得太多，这是其一；其二，调出的奶面糊既不能生又不能变成焦黄色，当然更不能煳了。经过十数分钟的操作才能把整碗牛奶全部加入其中，最后成为稀稠合适、奶白色的无任何小疙瘩的奶糊，这才算是成功之作，否则根本不能用。

西餐厨师是怎样做的，我不知晓，但是这种做法就是我家制作奶汁的方法。当年父亲、张奶奶就是这么做的。至于父亲和张奶奶怎么学会这道工序的，他们在第一次做时是否是成功之作，我也无从知晓。

奶汁烤菜花

奶汁烤菜花是西餐中的常见菜。

菜花要用花体紧凑、色白新鲜的白菜花。用小刀把花体切成小块，洗净后放在锅中焯后捞出控水，装在烤盘之中。

在奶汁里加盐、糖，倒在装满菜花的烤盘里，最后用干酪切成细末儿撒在表面，进烤箱烤制，十二分钟至十五分钟即可烤熟，然后分装盘即可上桌。

这个菜的用料很简单。但是必须掌握制作"奶汁"这个过程。另外调的奶汁必须稀稠适度，太稠，烤制时表面已经焦煳，里面不熟；太稀则烤制后出汤太多，不成整体。

到底如何理解"稀稠适度"？这点用文字无法描述，只有制作者在实际操作中去体会，因为这才是让人人信服的第一手资料，才是没有任何虚假的、切切实实的自己身临其境取得的第一手资料。

奶汁烤鱼

奶汁烤鱼所用奶汁与奶汁烤菜花的奶汁一样，只不过烤制时用的烤盘不同。这道菜用于高档宴席，是按每客一份，所以用的烤盘是小烤盘。这个烤盘的口径与餐盘相似。

鱼种的要求则是偏口鱼或者平鱼。还有一个要求就是要选没有鱼子的鱼，因为如果有鱼子，鱼肉发柴，影响口感。当然选的鱼必须新鲜，这个标准是选任何材料的标准，甚至可以这样说，就是"宁缺毋滥"，如果今天市场上买不到自己认为符合标准的新鲜鱼，绝不会凑合，宁可换菜单，也不能对付着用。这一点是"吃主儿"的信条，切记，切记。

把鱼洗好之后，去鳃去鳞去内脏，去头尾，在每面剖上二至三刀。

用一小碗倒入绍酒，用另一小碗倒入盐，先用手指蘸绍酒抹在鱼腹内、刀口儿中及鱼的表面。再用手指蘸上盐在上述各处抹一遍，但是抹盐时，千万不可抹多了，否则烤出来的就是

"奶汁咸鱼"了。最后再往鱼腹中以及刀口儿中再稍稍抹一点点胡椒粉。这胡椒粉的量就更少了，只是若有若无、星星点点即可。

把鱼放入烤盘，倒入事先调好的奶汁。倒上奶汁之后，也需在其上撒上一些干酪末儿。

把一个个烤盘放入烤箱。在烤制时和烤制奶汁烤菜花略有不同，那就是火要微一些，时间要长一些，一般至少要烤半小时至四十分钟。

烤成之后，最好的效果是表面上微微焦黄。当然奶汁烤菜花烤成这种效果也未尝不可，但是本款菜烤成这种程度是最佳程度。

奶汁烤芦笋

奶汁菜中还有一款叫奶汁烤芦笋。

芦笋也叫"龙须菜"，是一种多年生宿根草本植物。这种蔬菜，从烹饪角度来讲，无论是中餐还是西餐都是常见于高级宴席中的烹饪原料。

在旧时的北京，尚未掌握这种蔬菜的栽培技术，有的只是又短又粗，肉质较老的芦笋。野生的芦笋则更加细小，如五十年代北京天坛公园内就有野生的。如果把它们采来，每根甚至没有筷子粗。吃法只有凉拌，根本不能用作烹饪的原料。当年用于烹饪原料的芦笋只能用罐头芦笋，其中最常用的是美国黛尔芒牌的方听罐头。

奶汁会做了，这个菜就很容易烹制了。只需事先调好奶汁，再把罐头打开，把芦笋根部的老皮剥下去，码放在烤盘中，倒上事先调好的奶汁，加上干酪末儿，放入烤箱，烤十二分钟至十五分钟，分装入盘上桌。

到了像广东、广西、云南诸省所产芦笋能空运到北京的时候，做这个菜则要选鲜芦笋，制作的方法和用罐头芦笋稍有不同。

挑选时要注意选用最上品。首先看它的顶端，最鲜嫩品当然是圆头的，它上面的叶片还是非常细小的，很少的，似乎还没有完全张开。如果它的顶端呈毛刷状，这株芦笋就不是上好的嫩品了。此外还要选粗细适中、长短合适、挺实的株体。如果不挺实，说明它蔫了，当然不在入选之列了。

买回来，先洗干净，切去底端老质的白色根部，如果保留的部分还显质硬且老，则还要切下去一些。再逐根把芦笋反着拿在手中，使其底端在前，用小刀从底部开始把芦笋株体上带纤维质的外皮片下来。逐根归置完之后，把芦笋切成长约三厘米的小段，放在锅里煮一煮。

本菜制作的关键之一就是煮芦笋，因为既要把芦笋煮熟，又要把加入的水在煮熟之时收尽。如此"苛刻"的要求是有它的道理的，因为芦笋和菜花不同，菜花在用水焯的过程中失去的是生菜花上那种特有的臭性味，而芦笋的汁水不但没有异味而且还富有营养。近年来，有相当部分的人用它当作治疗某种疑难疾病的辅助食品。如果焯芦笋，会使它损失其中的有益成分，故此不能焯它。而在煮的时候，水放得太少，一是容易干锅，二是煮得过生，也就是说芦笋之中还尚存过多的水分，在下一步烤的过程中出汤就多，必然影响成菜的质量。如果水放得过多，收不了汤，汤中必然损失有益成分，所以必须掌握这一关键。

只要把这一步做好，制作这款菜就非常简单了。它的后期制作与奶汁烤菜花完全相同。

奶汁烤杂拌和奶汁烤蘑菇

用奶汁烤制的菜肴还有"奶汁烤杂拌"和"奶汁烤蘑菇"两款。

奶汁烤杂拌所用的"杂拌"包括鲜蘑菇、泥肠段、豌豆粒、土豆块、胡萝卜丁等等。配料并无限制，可随意添减。调奶汁以及制作和前面其他奶汁菜基本相同，只有一点必须注意，就是用的鲜蘑菇不能用水焯，也不能用罐头蘑菇，那是因为如果鲜蘑菇用沸水焯过，其中的水分尽失，它所特有的鲜味也随之失去了。"奶汁烤蘑菇"也是如此，只不过是只用鲜蘑菇加奶汁烤制而已。

当年市场上所出售的鲜蘑菇，人工培植的只有被称为白圆菇的一种，这种鲜蘑现在市场上十分好买。可是当年这种东西虽然常见，却不寻常，必得在大菜市场才能买到。它还有个品名叫作"洋菇"，那是因为其培植技术源于外国，其菇种亦是国外的菇种，又因为它属西餐中常用菜品之一，所以叫这个名也不足为怪。

白圆菇还可以用黄油煎食，也是一款西式吃法。其制作非常简单，就是直接用洗净控过水的鲜蘑放入黄油中煎。煎制过程中加盐少许，煎好盛盘即可。

您还别瞧不起这款菜，据父亲告诉我，想当年这款"黄油煎鲜蘑"可是北京吉士林西餐厅和上海红房子西餐厅的经典名菜。

做西餐没什么新鲜的

在这个家庭里，用西餐宴客是常有的事，至于做的是不是正宗，就单说了。

拌生菜

拌生菜的制作很简单。

把奶油生菜洗干净，用灰锰氧水消毒后，冲洗干净，在一个椭圆形的盘子里垫底码整齐。

再煮上几个鸡蛋，煮鸡蛋时凉水下锅，否则会炸裂。要煮得老一点，煮熟去蛋皮，放在一个压蛋器上。这个压蛋器是一个把熟鸡蛋压成片儿的专用工具。我家当时的压蛋器是铝的，分为上下两片，可重合在一起，它的大小轮廓极像一个透亮的肥皂盒。上下两片重合在一起时，中心有凹陷的一个小槽，这个小槽正好放一个鸡蛋。上下两片上都有透空的长条，把上片抬起，把鸡蛋放进去，再把上片向下一压，固定在凹陷小槽里的煮鸡蛋就被一排透空的长条分割成整齐的煮鸡蛋片儿。把鸡蛋片儿一片儿压一片儿码放在生菜上，即可上桌。

吃时再加作料。

土豆沙拉

"土豆沙拉"是西餐中的一种凉菜。

拌沙拉不但要准备沙拉酱，还要准备所拌的东西。制作程序是先准备要拌的东西，后制作沙拉酱。如果沙拉酱先调好，不能马上拌，放一段时间之后，会影响沙拉酱的质量。

制作土豆沙拉所需拌的东西，土豆是必不可少的。把土豆煮好，去皮切成小丁，其他所需要拌的东西随做沙拉的口味而定。一般我家用于制作西餐请客用的有对虾、黄瓜、洋葱等等。

五十年代的北京对虾不但好买而且价廉。买对虾要买上好的。何为上好？就是皮壳有弹性，色青壳亮，不掉头、不发红的最新鲜的对虾。

对虾买来洗干净，先把虾头部眼睛部分连同虾须剪下来，用剪子尖伸入虾头中夹着对虾的沙囊把它从虾头内挑出来，挑时要悠着，不要把沙囊挑破或剪破。要是新鲜的对虾，一般稍加注意很容易做到这点。然后从背部用剪刀从头剪到尾，剪到尾部之后要深入尾肉之中，否则是不能把虾尾的沙线（即虾肠）挑出来的。剪完之后，用剪子尖从上到下深入剪口儿拨开虾黄把整条沙线挑出来。再检查一遍，看是否有没弄干净的地方，一般情况是不会有的，也有的时候在不经意之中挑破了沙线，还要把这块的虾皮向两边掰开，在水龙头下用水冲洗干净。

把拾掇好的对虾放在锅里煮，煮时加盐少许，否则拌时不入味。煮时要注意火候，熟透即可，不能时间过长，否则虾肉被煮得缩水，虾肉变硬，影响口感，一般以二十分钟为度。煮熟捞出控干水剥皮，切成小丁备用。

黄瓜洗干净，用灰锰氧水消毒，再冲洗干净，对剖后去籽，再每片改为三条，切成小丁。去籽是必需的，如有籽，拌时出汤影响沙拉质量。

洋葱要白皮的，去尽外皮及顶部和根，多剥几层，剥出一点不带干皮的白心。用刀切成细末儿。切记只能切不能剁，否则洋葱成为黏稠的一团无法使用。

为加强美感，还可以加放紫菜头。这紫菜头也叫紫萝卜头，以个儿小匀溜外皮完整光滑为上品，如果太大在蒸时一是费火，二是有时里面会有一道一道的白心，影响色彩。特别注意的是，要选外皮完整光溜的。皮光溜说明此紫菜头肉质细嫩。外皮完整则是必需的，如果有破皮，蒸熟后紫菜头里紫色味甜的萝卜汁会流淌出来，能把屉布染成紫红色，而它本身变成白色的，口感也极差。如果挑的时候不注意或在洗净泥土时不小心弄破了皮，这个紫菜头根本成为废品，您尝一下就会明白它丝毫没有甜味，变成了极难吃的东西，所以这一点要切切注意。蒸熟之后用刀去皮，整个紫菜头是深紫红色，非常鲜艳，再切成细丁。

在沙拉中各种配料的多少可不是等份，其中土豆居多，黄瓜、对虾要少于土豆，洋葱末儿只有少许，起调味的作用，紫菜头丁也少于对虾和黄瓜，起的是点缀作用。

放入对虾肉的沙拉可称之为"大虾沙拉"，放火腿丁的为"火腿沙拉"，而土豆沙拉则是含有土豆的咸味沙拉的统称。

调沙拉酱

那时制作沙拉要自己调制拌沙拉的酱。取新鲜生鸡蛋一个，打开一个小孔，把鸡蛋清全部控在一个小碗里收起别用。把鸡蛋皮磕开，把蛋黄倒在另一个碗中，如果还有蛋清，还要用匙挡着蛋黄把蛋清滗出去，碗中只留下净蛋黄。在蛋黄上撒盐少许，用筷子把蛋黄挑碎，然后顺一个方向搅动，不可来回搅动，否则，调不成酱了。倒入几滴生菜油。这种生菜油是专供应西餐用料商店所出售的白色的瓶装成品优质植物油。搅动时蛋黄会变稠，变稠再滴生菜油。滴油时一定要每次只滴数滴，随搅随滴，不能一次滴得过多，如果那样是不可能调匀的。一般做沙拉酱只用一个生鸡蛋黄，根据需要拌的东西多少，调制多少沙拉油，而沙拉酱的多少以滴多少生菜油决定，与蛋黄无关。所需用量够了之后，用洁净的大碗把切好的诸丁一一放入。拌之前把搅好的沙拉酱里加上白醋少许，沙拉油就变稀了，倒入碗中搅拌均匀即可。

西法大虾

西法大虾是用对虾制作的一道用料简单、制法简单又品质上乘的菜肴。

买来新鲜对虾，收拾干净。下一步则要用小刀围绕虾尾临体部分环切，使尾部之上部分皮壳断裂，剥去虾皮，只留尾皮。再从虾脊背处入刀把对虾片成虾尾相连、虾体分离的两片。把切开的虾片平铺在砧板上，用刀背砸虾肉。用力不可太猛，因太猛能把对虾肉砸断。两面都砸松后，用刀尖小心地把贯通虾体内的"长筋"也可能是神经挑断，这条筋如不挑断，下锅炸制时，虾体会因为筋的收缩翻卷成虾团。再用小碗放盐少许，加水一点点，使盐淋湿。用手指蘸着盐在虾体上抹，抹时要抹得均匀适量，抹上即可，不能太多。一面全抹完后，整个儿虾体翻个儿再抹另一面。两面都抹完盐后，依然把虾平铺砧板上，往虾体上稍稍点上一点胡椒粉。再把虾整体翻个儿，往另一面上点胡椒粉。这个程序一定要注意，不能在一面上抹完盐就点胡椒粉，如若这样，一定会在翻个儿后，在另一面抹盐时，把已经点上的胡椒粉按在砧板上。

炸制之前预备三个餐盘和一个碗。碗中打鸡蛋液，一个盘子放干面粉，一个盘子放面包渣儿。这个面包渣儿有时用义利食品公司的成品面包渣儿，是袋装的，有时则是自己制作。家里吃剩的面包搁干了，放在案板上用擀面杖擀成面包渣儿即可用。干面包可以是淡的，也可以是咸的，切记不可用甜面包，用甜面包渣儿炸东西，一是极爱焦煳，一是口感欠佳。

炸时用深锅，放欢好的油，油烧五成热，一手持虾头部分，一手持虾尾部分轻轻把虾整体抬离砧板，小心地抬架着放在撒有干面粉的盘子里。动作不要过快，否则砸松的虾身极易从中间断为两截。在蘸完一面后，翻个儿再蘸另一面，整个儿虾体都蘸满面粉之后，在面粉盘中用手把整虾向中间推一推，整一整虾形，然后再把蘸满干面粉的整虾再一次抬起来放在打好鸡蛋液的大碗里，使虾体两面都蘸上鸡蛋液，再用手把整虾从鸡蛋液碗里抬出放在盛满面包渣儿的盘子里，两面都蘸上面包渣儿随即下锅。这道工序从蘸面粉到下锅要一气呵成，中间不能停顿。

炸制时火不能太大，否则外面已煳，里面还不熟。炸好一面再用筷子和锅铲同时下到锅里，架着虾整体翻个儿，翻个儿时千万不要把虾尾皮碰落。另一面也炸好之时，再把虾架着从锅里抬出来，控油装盘。装入餐盘后，在炸虾的旁边放上用番茄、黄瓜等制作的、用小刀切成的小花，或配制炸好的土豆条，吃时再根据就餐人的口味，佐以番茄沙司等调味品食用。

盐水大虾和土豆泥

张奶奶算是总结出经验来了。所谓西餐，无非也就是离不开土豆、洋葱、西红柿、胡萝卜、圆白菜、芹菜，用点什么黄油、牛奶、胡椒粉等等，选用的肉、鱼、虾和中餐也差不了哪儿去。

这天正好买着了极新鲜的对虾，这大热天的真要去烹，孩子也未必爱吃，干脆做西餐吧。张奶奶算是摸透了我了，知道我不爱吃油腻的菜，就用花椒盐水给我做了盐水大虾。

这款菜在西餐中还真有，那是祖父的一个法国朋友家里自制带给祖父吃的。因为他带得太多，祖父也吃不了，张奶奶、玉爷都尝过。这有什么呀？不就是把对虾拾掇干净了，用点盐、香叶还有什么洋作料一煮，剥了皮儿，切成片儿吗？张奶奶有心问问人家怎么做的，无奈语言不通，也不得问。

咱们也煮一回，就按老北京的做法，加点花椒和盐给煮了，等捞出来刚要剥，我进了厨房，张奶奶看见我了，就知道她也该歇着了。"我还麻烦您干吗，自个儿来吧！"嘴急不是，我端着盘子就出去了。

张奶奶做的这能算西餐吗？不能！所有的对虾都能做这个

菜吗？也不能！要做，必须是最新鲜的青壳对虾，差一点都不行。差一点的可以做"烹虾段"，再次点的可以做西法大虾，这是因为越是烹饪简单的菜，原料越得品质高，用花椒、盐水煮，大虾稍不新鲜，煮出来可是腥的。

烹虾段就不同了，烹虾段最好做了，不就是把大虾拾掇好了，切段，再配一碗料汁——糖、盐、味精、绍酒，锅坐火上放油，油热下虾段及葱段、姜片儿，炸至虾段青变红，加入料汁，盖上盖收汤，汤尽颠翻出锅。对食虾有经验的人都知道，越新鲜的虾，熟了之后越红。生虾不新鲜要发了红，熟了可就发白了，有人就添加番茄酱。您还以为饭铺给您加些高档作料哪？那是给它加红色儿呢！再多来点绍酒，去去腥气。可是这种虾熟了，口感发面，没有弹性。

西法大虾则更是"糊弄局"了。虾不新鲜、脱壳、掉头都没事，把它全剥了去，拍拍，蘸上料再蘸面包渣儿，过完了油，您还看得出它新鲜不新鲜吗？

张奶奶是"吃主儿"，她什么不知道。应名儿给我做个简单西餐，表面看十分简单，还不显档次，可那是货真价实呀。我写的这段，就是想说，张奶奶她多疼她的孙子呀。

张奶奶知道我爱吃土豆，买来土豆洗干净，蒸熟了，还得尝点儿，麻口不麻口。检查之后，放在大盔子里碾碎了，加上盐，加黄油、胡椒粉和鸡清汤调成土豆泥。

我多年以后才体会到，这确实是西餐，这不就是肯德基的土豆泥吗？可她也没得到过上校的真传呀！

炸猪排和炸牛排

西餐菜入席，如果席间已有西法大虾是不会再有"炸猪排"或"炸牛排"的。这两道菜和前者炸制方法相似，在同一桌席上，同上其中任何两道菜，都显得太过油腻了。

炸猪排的选料是要用带脊骨带底筋的猪通脊按骨节分割切成厚片儿。切片儿的数量依就餐人数而定，以每人一片儿为准。把切成的厚片儿平放在砧板上，用刀背逐面砸松。砸肉时用刀不能过猛，不能急于求成，否则肉尚未砸松，已把中心部分砸断，那就不好了。（今天做炸猪排必须注意的是，现在常有买回冻肉的时候。如果是冻肉，不可以用微波炉化冻，当然饭馆经常有这样化冻的，但是这样会直接影响炸制后的口感。自家制作一定要自然化冻，等肉完全化冻之后方可制作。）

彻底把两面砸松之后，用刀尖把底筋切开一两个小口儿，切时注意只把筋切断为度，不要让刀口儿深入通脊的整片肉中。切开底筋的作用在于炸制过程中使整片肉不至于因为筋部的收缩而翻卷，但是如果刀口儿过深，炸制过程中，整片肉会从深入的刀口儿处分叉，影响口感。在这之后的操作程序和方法与炸制西法大虾完全相同。

值得注意的是，现在有人制作这个菜时所用通脊一是去骨，二是去筋。这种做法当然受到为数不少的就餐人的欢迎，可是我认为，带骨带筋还不完全是为了美观，它的真正作用在于成菜的口感。猪排在炸制的过程中，通脊肉在猪骨和底筋的包围之中，只是两个平面直接受热，它的边缘是在隔骨和隔筋的情况下受热，炸出之后鲜嫩松脆程度远胜于去骨去筋的猪排。

至于"炸牛排"的选料和制作与炸猪排完全一样，只不过，猪身上这个部位叫作"通脊"，而在牛身上这个部位称为"上脑"。炸牛排的用料是带骨带底筋的牛上脑。

咖喱鸡

制作咖喱鸡的鸡，要求选用当年的公鸡。有经验的"买主儿"对于当年鸡的选购有独到的选法：因为老鸡在鸡爪的上部还有一只脚趾伸出来，而当年的鸡在这个部位只是一个鼓包，到了第二年这只脚趾才会长出来。

虽然是当年的公鸡，体形却不见得小，要挑一只重约三斤的鸡。宰杀后放干净血，烫毛，再用镊子把残留在鸡身上的细毛一一拔除。把鸡嘴的外皮揪下去，再掰开鸡嘴，把鸡舌上的外皮撕下去，顺便冲洗冲洗。再把鸡爪上的外皮撸下去，再用剪刀把鸡爪尖剪掉。把鸡嗉囊小心摘除，从鸡脊背开膛，掏出所有内脏，留用心、肝、胗。鸡心用剪刀尖挑开冲净淤血；鸡肝摘除苦胆，千万别弄破；鸡胗用刀切开，翻出污物，冲洗干净，剥去内皮——此内皮就是中药材鸡内金——另存。切除整个儿臀部，包括肛门和尾尖。整鸡剁成三厘米见方的鸡块。在这一过程中要把鸡的气管、食管去除，还要把鸡脖子皮下的淋巴结去除，过水洗几和，洗干净控水备用。

用四个匀溜个儿的土豆，洗净去皮切块。胡萝卜四根，洗净去皮切滚刀块。滚刀块是切一刀把原料转一下，再切一刀。这样切成的东西截面面积大，入味比切成其他的块效果好。我还是在很小的时候，不知道什么叫滚刀块，曾经问过父亲。父亲给我讲了何为滚刀块之后，还讲了一个小故事：说是当时有个傻笨媳妇不知怎么切滚刀块。旁人说你就切一下，滚一下再切。结果这位切了良久也没切完。别人进屋一看，她正从地上爬起来说："这也太难切了，干吗切一刀还在地上打一个滚呢？"

把胡萝卜和土豆同放在一个锅中，加水煮至半熟，捞出控干备用。煮的汤也不要倒弃，以后还有用场。

用大洋葱头五至六个，剥去外皮，去顶部、干皮及根，一剖两半，切成薄片儿后再切细丝，最后切成极碎的末儿。切制过程中肯定得停顿几次，洋葱的气味是很辣眼睛的，但是就是再辣也只能切不能剁，如果剁，洋葱就会成为糊状根本不能用了。取大蒜一头，剥出蒜瓣，逐瓣切除根部，切成极碎的末儿，当然蒜也是只能切不能剁。

把锅坐在火上，用极微的火，倒油煸炒这一大锅葱头末儿和蒜末儿。刚入锅翻炒几下加入盐少许，使葱头杀出汤来，这样使锅里的东西快一点塌下来便于煸炒。在没有不粘锅的年代，制作这个菜的这道工序是很费力气的。因为煸炒的葱头和蒜既不能煸煳，也不能巴锅，只有用极微的火和不停顿地翻炒才能做到这一点。最后，把锅中的洋葱及蒜末儿煸成白色的糊状，把它盛在一个大碗里备用。

把锅刷干净后再坐在火上，倒入油煸炒控完水的鸡块，同时放入姜片儿、葱段、绍酒，在煸炒过程中随着鸡块受热，鸡块里的水分流到锅中，所以在一段时间之内锅里一直是有水的，但是随着煸炒时间的增长，鸡块里的水汽已很少时，为了防止煳锅，可再加一点料酒和一点盐，但过不了一会儿锅里又显干了，在这个时候可以加开水少许。加水的目的只在于让鸡块变熟的过程中不至于煳，不至于巴锅。煸炒的鸡块已断生但还很硬，那么还应该继续煸炒。这时如果锅里太干，还可以再加一点点水，这点水只维持鸡块不煳而已。总之水是在万不得已的情况下才加的，如果加多了，还要收汤，鸡也不好吃了。最后煸到鸡用筷子一戳即入，就可以端锅离火了。这时用筷子把锅中的葱段、姜片儿挑出来弃之。姜片儿好找，葱段已在煸炒过程中软烂了，但是只要仔细找还是可以一一挑出弃之。

当年烹制本菜用的咖喱都是印度原装进口的，规格有咖喱粉和油咖喱两种。用这两种咖喱制作本菜可以做到异曲同工，但制作方法略有不同。当时市场上还有上海产的咖喱粉，但是那不是本菜的用料，其口味与印度原装品相差甚远，根本不在考虑之列。除此之外还要添加鲜奶油。

如用油咖喱，把锅里煸好的鸡块盛出，滗出底油，盛放碗中。重新刷锅后坐在微火上，倒入煸好的白色糊状洋葱，当然里面也含蒜蓉，稍稍加热，用匙抈油咖喱倒入锅中。为防止巴锅，加鲜奶油，再加入煮胡萝卜和土豆的汤少许。随即倒入煮得半熟的土豆、胡萝卜，再加入煸好的鸡块，用微火炖，用锅铲抄底，如还干，再加一些煮胡萝卜和土豆的汤。尝尝咸淡，如偏淡，再加盐调味。在热锅之中，半熟的土豆、胡萝卜很快地完全熟了，随即离火，按就餐人每人一盘分别盛盘上桌。

如果用咖喱粉，比前者稍麻烦一点。做法是把锅里的鸡块盛出，滗出底油，盛放碗中。重新刷锅后坐在火上，锅烧干时，倒入欢油少许。稍热加入咖喱粉，使它和油混为一体，再加鲜奶油和煸好的糊状洋葱，在倒入时改成微火。以后和前面相同。

咖喱牛肉

本菜的制法也可以不用鸡，只用土豆和胡萝卜。这样做的就比较清淡。还可以制作牛肉，当然菜名也就改了名了，叫"咖喱牛肉"。

咖喱牛肉的做法和咖喱鸡颇有相同之处。所不同的就是把鸡换成牛腱子。

本菜的选料主要是色泽新鲜、没有淤血的牛腱子。制作任何菜肴都不能买带淤血的，这虽是人所共知的，但是整牛腱子比较粗，挑选时还需注意，有时即使注意了也可能里面还会有带淤血的部分。

把牛腱子切成小块时，要先从上至下剖开，然后切成条，再切小块。切块时要注意，以大小一致、方方正正为好。切块之后，放在稍稍有点温的水中浸泡——水太凉，里面的血水不易泡出，水太热，影响鲜嫩，更是大忌。换水几和之后，放在砂蒸子里煮。

牛腱子不用煸炒，而是煮，因为如果牛腱子过油，根本无法煸熟。当然天外有天，也不能妄下结论。但是我家制作的本菜，牛肉都是煮制的。加凉水没过牛肉，加葱段、姜片儿、料酒、香叶，将开时撇浮沫儿。汤大开时改用小火煮三个多钟头，煮的过程中不能加水，但需注意火候，要煮得用筷子一戳即入，拔出来肉无喡力为度，这一点和中餐中煮白肉片儿的火候完全一样。煮好以后，制法全同于咖喱鸡。

咖喱牛肉，我家虽然也会做得很成功，也受过不少朋友的好评，可是我家所有的人都认为，咖喱牛肉不如咖喱鸡。介绍本菜只想说明，也有这个做法而已。

其实我家做的所谓西餐又有哪一款绝对是正宗做法的西餐？只是按照或借用西餐烹饪方法制作的符合自己口味的菜肴。可是因为选料得当，精工细做，也都能称之为美味。

一席之中，汤只能用一个

西餐讲究先上汤，后上菜。一般是在凉菜之后，就要上汤了，随后才一道一道地上菜。

牛尾汤

牛尾汤主料为牛尾，把牛尾按骨节切成小段，放在深罐子里煮，加凉水没过牛尾，加葱段、姜片儿、料酒、香叶，将开时撇浮沫儿。煮约四小时，煮制过程中不能再添加水，所以当时一定要把水放合适了。牛尾煮烂之后，把牛尾捞出放一容器中备用。所谓煮烂，是指肉可以从牛尾骨上分离下去，但不能从尾骨上脱落。这个度还是不难掌握的。随后把牛尾汤中的作料一一捞出，汤倒在另一个容器里，把沉在锅底的碎骨碎肉渣去除。

牛尾汤配料是多种蔬菜，其中芹菜择好之后要把菜筋去掉。芹菜要选当时市场上称之为"铁秆芹菜"的长芹菜，不能用西芹，因为西芹的秆太粗，不适用。择好的芹菜分两碗盛就，一碗是老芹菜梗掰成的段，另一碗装的是芹菜心掰成的段。芹菜叶要去净，连芹菜心里的嫩叶也除去不要。洋葱头洗净去根、顶、外皮，十字切成四块。特大的葱头改刀切成六块或八块。西红柿去皮去籽切块。土豆去皮切块。胡萝卜洗净切滚刀块。胡萝卜要选用黄胡萝卜，红胡萝卜一般是用于红焖牛肉时的配菜，在牛尾汤和以后介绍的"罗宋汤"中，按俗成的习惯一般不选用。

把以上蔬菜预备好之后，把净牛尾汤倒回罐子里置于火上，随即放入老芹菜梗，稍煮之后先下胡萝卜块，煮约十分钟加入土豆块，等胡萝卜和土豆煮到八成熟，就是用筷子在胡萝卜块和土豆块上能扎进去，但还未完全变软时，加入嫩芹菜段、西红柿块、洋葱块。全部蔬菜倒入之后，再把煮熟的牛尾，挑选整齐的、块大小适中的，倒入汤中。最大块的和挺小块的不要下到罐子里去。以免待会儿盛装入汤盘中不便盛取。

我小时候在食用牛尾汤前后总爱吃那些过大或过小的熟牛尾，倒点辣酱油，尤其是在偏凉的时候，它的味道在我看来，甚至比牛尾汤里的牛尾更加好吃。

等全部要煮的东西都煮制在一起时，临离火前用一小块黄油放在罐子里，黄油片刻即融化了，这时就可以离火了。按就餐人每人一汤盘分盛，盛时注意每种东西均分，不可某种东西过多或过少，每盘中牛尾至多两三块，不可过多。

本汤的关键，除分割牛尾要顺骨节分割不能乱剁之外，煮牛尾的火候以及蔬菜的选料、刀工也需注意。但至关重要的是蔬菜入锅的顺序。先下老芹菜梗的目的是为了使汤中有浓浓的芹菜味。在中餐制作的菜肴中，用芹菜做汤十分少见，那是因为芹菜含有较为特殊的香味，这种特殊的香味又比较浓重，极容易形成唯我独尊的状态。而在这道汤菜之中，正好利用它的这种品质，在汤中添加有无可比拟的效果。这些老芹菜梗的作用只在于出味，而不在于食用。胡萝卜在煮制过程中最费火，如果后下锅必然不熟，如果和土豆同下，土豆煮熟之后，胡萝卜还有些硬，所以二者的下锅顺序只能按这种程序。至于洋葱、西红柿、嫩芹菜的煮熟过程都不甚长。在胡萝卜、土豆八成熟时，下入正好可以和它们一块煮熟。牛尾已是熟的，而且火候已十分合适，在这个时间下锅只是加热而已。黄油起的是调味作用，只要在汤中形成浮油即可，放得太多则太腻，过少或不放总显得欠缺。这就是制作好本汤菜必须掌握的窍门。

下一个介绍的汤菜与本菜有很多共同之处。那就是"罗宋汤"。

罗宋汤

本汤菜的做法和牛尾汤极为相似，所不同的是把牛尾用牛腱子取代。

同样要选新鲜、没淤血的牛腱子，煮的方法和煮咖喱牛肉一样。煮好后，把盥子从火上端下来，把牛腱子捞出，以后做法与制作牛尾汤完全相同。

本菜和牛尾汤不能同席上餐桌，这点原因自明，不必再谈。但是制作罗宋汤，还有很多不同于牛尾汤的讲究。

首先是在中餐之中，牛腱子多用于酱制食用，做汤不说没有，但也少见，而西餐的罗宋汤中则是非它莫属。那是因为煮后筋肉相间，筋糯肉香，非常可口，除它之外，牛肉的各部位都不能达到这种效果。但一定要注意煮制的火候，煮得不烂，影响口感，时间过长就会煮碎，而且不堪食用，因为牛腱子中的鲜味全部流入汤中，肉本身已变得柴而无味。

制作罗宋汤既要用肉又要用汤，两者兼用，缺一不可，至于所加蔬菜可根据喜食的口味随意加减，并不拘泥。虽是如此，但总是少不了芹菜、胡萝卜这两种，因为这两种蔬菜都有调味的作用。芹菜调味已经介绍，胡萝卜的调味作用也和芹菜相似，更重要的是两种蔬菜配合使用更能相辅相成，凡是会制作这种汤菜的人都是深有体会的。至于其他菜蔬，包括上文没有提到的卷心菜，均在可随意加减之列。

以上两款汤菜，还有把牛尾或牛腱先煎后煮的做法，这样制作后，醇厚有加，清香爽口皆失，顾此失彼，还请各位食家根据自己喜好定夺。我家一直选用本文介绍的这种，可能还是追求清香爽口的效果吧。

至于牛腱子，除了制作罗宋汤之外，还能制作两款符合中国人口味的西餐。这两款菜与罗宋汤做法极其相似，其中之一叫作"炖牛肉"，就是把煮牛腱子的汤盛一部分放在砂罐子里，把肉盛一部分放在碗里备用。把胡萝卜块、土豆块、芹菜段放入牛腱子汤中煮。其投入的顺序和时间与罗宋汤相同。煮制时加酱油使汤色变深。菜煮八成熟后，把煮熟的牛腱子放入锅中同煮，再加盐、绍酒、味精，等全部煮好，盛出。

另一款就是"红菜汤"。

红菜汤

把煮牛腱子的汤倒入砂蓝子中，汤要多一些，亦可添加一部分鸡清汤，使它增添鲜度，但也要加水，否则汤味过于醇厚，口感反而不好。加上述三种蔬菜之外，再加圆白菜以及蒸熟后再去皮、切片儿的紫菜头。在砂蓝子里，紫菜头片儿里的紫色尽溶在汤中，而它本身再无一点紫色，成为了透明的白萝卜片儿。牛腱子改刀切成小片儿放入汤中，加盐、绍酒、糖少许调味，即可端锅离火，汤中呈淡紫色，再加一些番茄酱使汤的颜色变成紫红色。食用时佐以鲜牛奶或鲜奶油。

"改良"罗宋汤

在介绍罗宋汤之后本文再介绍一款张奶奶制作的"改良"罗宋汤，连盐水大虾都能改，不就一股子汤吗？有什么不能改的！

所谓"改良"，不过是句戏言而已，一般想制作罗宋汤讲究是汤醇肉美。可是"改良罗宋汤"制成之后，却是口味极其清淡、蔬菜比重极大的菜汤。

首先必须说明的是，这个汤菜不是西餐入馔菜肴，特此声明，以正视听。

暑夏之日，动则汗出，很多人因此不爱吃饭。在太阳落山之后，暑气稍减之时，把吃饭当作任务来完成的是大有人在。这种情形谓之"苦夏"。如果只是用过水凉面或过水的水饭充腹，未免影响健康。在这样的情况下"改良罗宋汤"就大受欢迎了。

这种汤是用带皮猪通脊切成大块，肉的用量不宜太多，二斤足矣。加葱段、姜片儿、料酒、花椒十余粒煮肉汤，将开撇尽浮沫儿，改小火煮至煮白肉的火候，还是用筷子一戳即入，拔出来肉无嘬力为度。把肉捞出来备用。

用制罗宋汤和牛尾汤的所有蔬菜按先后顺序放入锅中。在煮肉时，肉少，肉汤必然少，可是不要紧，大量蔬菜中的水分进入汤中，所以所用蔬菜比例大于以上两款入馔西餐汤菜。如果还想吃几片儿肉，也可再切上几片儿放入锅中，就是稍稍多几片儿也不甚妨碍，因为肉中的油已被蔬菜吸尽，丝毫也不会有油腻的感觉。汤中忌放黄油，以保证清爽利口。制成之后，先不要食用，也不要冰镇，而让汤自然冷却，到了基本全凉只有稍温的程度，开始食用。

在盛夏之中，饮用此汤，既为美味又不缺乏营养，真是一种很好的享受。

奶油鸡茸汤

"奶油鸡茸汤"是常见于西餐的浓汤型汤菜。它和前面用奶汁做的菜肴一样，只要掌握了奶汁的调制，是非常好做的。但本菜的奶汁调制却和那几款菜的奶汁尚有不同。所谓的不同，就是要加强本汤的奶味的浓度，所以炒面时全部用黄油，同时，不但要加牛奶，还要加鸡清汤。用鸡清汤的原因是怕鸡油的油味冲淡黄油的油味儿。

由于不但加了牛奶又添加了鸡汤，调出的奶汁必然会变稀，而这变稀正符合了本汤菜的要求，既然是汤嘛，就是再浓也不能成为奶糊状。在这之后把熟鸡胸肉用刀切成细细的碎末儿放入汤中，这个浓汤就基本完成了。在分盛上桌之前还要在每盘汤中撒上一些用油炸得焦黄酥脆的面包丁，即可按每人一份上餐桌了。您可不要小看这面包丁，往往全部汤都喝完了，那面包丁还有酥脆的口感呢。

西餐和中餐不太一样，中餐多几种汤可以变换口味，而西餐在一席之中不管用什么汤，只能用一个。

本汤还有一点和中餐最不同的，就是把切碎煮熟的鸡胸称之为"鸡茸"。中餐中的"鸡蓉"的概念和本汤的"鸡茸"大相径庭，这在介绍中餐有关"鸡蓉"的菜肴早有详细的介绍。

最后说一说面包丁。这面包丁之所以炸得焦黄酥脆是因为它是用制作三明治切下的面包边制成的，作为下脚料，有这样的用途真可谓是物尽其用了。

烤野味可是高档菜

除以上菜肴之外，还有一种比较特殊的菜肴，这就是"烤野兔"。在中餐里，野兔虽可称之为美味，但一般来讲，用它制作的菜肴很难入高等宴会。它称之为风味菜也好，特色菜也好，但总是和高档菜关系甚少。

可是在西餐里，用野兔制作的菜肴绝对属于高档菜肴，只能出现在宴请尊贵宾客的宴席中。它非同小可，一般情况想都别想。原因是，按西方人的习俗，狩猎是贵族生活中的一个重要组成部分，从某种角度来说，能参加狩猎活动是显示高贵身份的一种象征，而猎物也同样不同凡响，这是其一。再者，西方人对烤制的野味、烤制的禽类非常看重，如在圣诞节食用烤火鸡、万圣节食用烤鹅，都可以说明这个问题。一个地方的人有一种饮食习俗是不足为怪的。正因为这个原因，当年西方出版的菜谱上都把这类烤制野味的菜肴作为高档菜进行详尽的介绍。在我家当年存有的那本英国菜谱上，就有多款烤制野味菜肴，从主料到配料、制作方法、制作工具，都描写得十分详细。父亲就是看了这本菜谱之后，萌发了制作这类菜肴的念头。

父亲和他的表哥学会制作西餐之后，家里开始添置了制作西餐的厨具、炊具和餐具，其中当然包括制作烤野味的烤箱和烤盘。

烤野兔

下一步就要去市场上买野兔了。但是当时北京的市场上，并没有被称为"野兔"的这种东西，正如没有称为"鸡蛋"这种东西一样，都是有其物而无其名。这是因为老北京人在语言上讲究太多。在老北京人认为"鸡蛋"有"笨蛋""混蛋"之嫌。在卖鸡蛋时只能说卖的是"鸡子儿"或是"白果儿"。而家里要做个"卧鸡蛋"，只能说做个"卧果儿"；饭铺里卖的"鸡蛋汤"，必须称为"甩果儿汤"；"炒鸡蛋"称为"炒木樨"。

至于"野兔"则和"兔崽子"疑有贯通之意。所以"野兔"在北京称之为"野猫"或者直呼为"猫"，每到秋天，北京市场上"野猫"是很好买的。虽然不能说什么地方都能买着，但它绝不是难买之物。

当时每年入秋之后，都有人挑一根扁担走街串巷卖"野猫"。扁担上挑的是两只后腿相捆、挂在扁担上的一对一对的野兔。多的这一挑子上有七八对，少的也有五六对。买的时候只需注意千万别把品名说错了，就可以任意选购，成对，单只，数只，整担，悉从尊便。

旧时北京市场上卖的野兔来源有三：其一是网扣的。几个人在野兔出没较多的地方，横拉一个扣网，其余的人在一定范围内从四面八方把兔子往架网的地方轰，一旦兔子撞在网上，网就把兔子扣在里头。人跑过来抄起木棒往野兔后脑上一击，野兔当时毙命。其二是用火枪打的。这种火枪俗称铁砂子枪，是用小至芝麻粒大至黄豆粒大小不一的圆粒铁砂子作为霰弹，射杀野兔。其三是鹰抓的，确切地说是被"买卖鹰"抓的。所谓"买卖鹰"，是鹰的拥有者，或是自己抓的鹰，或是购买的鹰，并对鹰加以训练，使鹰能抓野兔和其他野味，把野味出售换钱作为生活来源。这种鹰就叫作"买卖鹰"。

这三种来源的野兔是不一样的，其中鹰抓来的野兔的后胯没有完整的。这是因为鹰是用其利爪插入野兔的后胯把兔抓住的。利爪插入兔的后胯稍狠，兔子的后胯就能给抓碎了，甚至在拔出爪子的时候，能把后胯带下一块碎肉来。

因为这种情况，在市场上买野兔，要首先挑选用网扣的或是射杀的，很少有人去问津鹰抓的兔子。选购时还要挑选肉质新鲜的野兔。具体挑选的方法是，先用手捏一捏野兔的肚子，如果不新鲜，野兔腹内的内脏有腐烂变质的迹象，整个儿腹部就会软烂一团，用手一捏手感非常明显；再把野兔的嘴用手掰开，这样既能感觉到野兔嗓子里散发出的气味又能直观嗓子眼里的情况。如都无大碍，就可以视为新鲜的野兔。至于个头儿大小、肥瘦差别等倒都差不太多，稍稍注意即可。

归置野兔要剥皮。用铁钩把兔子吊起来，从背部开始，环围口部下刀开剥，随剥随往下翻，从头始至躯干。剥皮时尽量保证不要割破兔肉。剥到四爪时，要把爪上的腿骨砸断切除，尾部也要去除。全剥完之后，再把野兔脑袋切下去弃之。然后开膛掏去所有的内脏弃之。如果是枪打的，还要把子弹射入部位周围的碎骨以及淤血去除。在清理这部分时，要把能找到的射在野兔肉中的铁砂子粒一一挑出去，以免食用时硌着牙。这一步要做得十分仔细，否则就会出现上述问题。

在这一点上，我们和西洋人的概念是不同的，谁愿意在食用东西时发生这样扫兴的事情。如果西洋人吃这个菜倒好办多了。因为按西方人的习俗，如果在归置这类被火枪打死的野味时，没留神，没有把打进野味体内的铁砂子粒全挑干净，上桌后，无论是在切割时发现的，还是吃在口中硌着牙才发现的，他们不但不会扫兴，反而会喜出望外，这是为什么呢？因为西洋人认为今天食用的确实是被枪杀死的野味，而不是人工养殖的替代品。我们并没有这种习俗，还是要归置得仔细一些为好。下一步则要用清水把它清洗干净，然后控水，再用洁净的布反复擦拭腹内和体表，使它不带水。

此时用盐把它的体表和腹内全部搓一遍。搓盐时要边捏边搓，力求使盐深入肉中。随后再用胡椒粉把内外再搓一遍，搓的方法与搓盐方法相同，但一定要掌握好量，否则烤出成菜太辣，无法食用。

烤野兔所用的配料是猪网油两张及大量的洋葱头、土豆、胡萝卜、芹菜等。前三种去皮切块，芹菜去叶，择筋，掰段。

烤制之前还要用绍酒把野兔腹内及体表再抹一遍，用一张网油把上述蔬菜包起来塞入野兔腹中。这包蔬菜要以塞入全部腹腔为度，既要塞满，又不能使其胀开。另一张网油把野兔整个儿包起来，把它放置在烤盘的正中间，再用蔬菜块填满烤盘。放入烤箱，微火烤两小时可烤熟。

本款菜在西餐中讲究连烤盘一起上桌。属于在餐桌上现切、现食的大菜。

烤野禽

在当年北京的市场上，除了野兔之外还有三种野禽，分别是山鸡、沙鸡和大雁。它们的供货来源几乎都是用铁砂子枪射杀的。

要想在市场上挑选新鲜的野禽比野兔容易多了，一般从外观上就能轻易区分。买回家中绝不能用热水烫毛。这其中的道理很简单，因为野禽不同于活体宰杀的家禽，如果用热水一烫，再想洗掉射杀时造成的淤血血污，已不可能了。

拔毛之后，洗干净开膛，去掉所有内脏，再小心地把野禽的嗉囊摘除，千万不要把它弄破，这点如果不注意的话，有时会有大麻烦。当时北京市场上卖的山鸡有相当部分来自东北诸省。这种山鸡的嗉囊里常留存着一种气味发臭的不知名的草籽，如果不小心把嗉囊弄破，肉在沾上这种臭味之后是很难再把它清洗掉的，即使不是这种山鸡，嗉囊被弄破之后也会使野禽的肉上沾满这些污物，从而造成不必要的麻烦。

这三种野禽在烤制之前也要经过清洗、控水、擦拭体表和腹内等种种工序。简单一句话，它们的制作方法以及配料和烤野兔完全相同。

只是在烤制中，山鸡和大雁每次烤一只。沙鸡体形过小，一般一只是不够一个菜的，要烤三四只才成为一款菜的量。至于这三款烤野禽的口感，以烤山鸡最佳，烤沙鸡逊之，烤大雁口感最差。那是因为大雁肉质粗糙且硬，烤制之后，吃在口中甚至有发木的感觉。

在西餐中，烤野禽固然可以称之为名菜，但是无论它的做法如何复杂，成菜如何高档，它的口感比起中餐中用山鸡烹制的山鸡丁炒酱瓜丁、山鸡片儿炒荠菜、山鸡丝炒冬笋，那差得可不是一点儿半点儿。

当"吃主儿"容易吗

由于野兔在西餐中扮演了这么高贵的角色，以至于父亲还为它设计过烤箱，这是一段鲜为人知的往事。

家里的烤箱在六十年代已经坏了，而这种烤箱在市场上已经绝迹了。难道这种美味也从此无法再制作了吗？他突然萌发出一个设想：能不能用替代品呢？

父亲去了日用杂品商店买来两个铁锅，一大一小，大锅可以把小锅扣上。又认真测量了小锅锅口里面的尺寸，还是吃不准它的具体尺度，于是乎带着两口锅找铁匠去了。在黑白铁加工部和那儿的师傅一比画，那位师傅听明白了，敢情是要制作一个烤盘放在小锅里。

烤盘制作好了。那是一个正方形的铁烤盘，放在小铁锅里，烤盘的四角架在锅壁上，四边和圆形的锅壁之间形成四个半圆形的空当。用一个家里的煤球炉子，在炉口边上置放三块支火瓦，把小锅锅底架在其上。再用三块半头砖，放在炉台上，用大锅把小锅扣底下，锅沿架在半头砖上。这一组合就形成了一个新的"烤箱"。这个方法和张奶奶烤整个儿馒头用的方法如出一辙。到底是谁的"专利"，就不得而知了。

下一步还要试试能不能用。去市场挑选一只上好的野兔，归置干净之后，如法配料，包裹好了之后，把野兔前后腿往中间一拢正好放在烤盘上。

在烤制中也要把炉口用火盖压成微火。约莫两小时，野兔烤熟了。其口感以及烤制的质量和以前用烤箱所烤的无一不同。这就是父亲设计并使用的第一款自制烤箱。

后来北京开始使用液化气了，这个烤箱又不适用了。父亲又找铁匠师傅制作了一个新烤箱，这个烤箱全部用铁条和铁板制成，它的外观有点像鸟市上卖的用于喂养虎皮鹦鹉那种方形的塑料鸟笼，方壁尖顶。前面有门，箱体内有铁条可架置烤盘。把它架在火眼上。把要烤的东西放置箱内，比前款烤箱又好用多了。这一款的设计"专利"属于父亲是绝对的。可是退一步说，这还算是单纯治馔吗？

这就是"吃主儿"所为。

"吃主儿"追求美食的制作是不遗余力的。父亲所设计制作的还只是一种炊具，而玉爷当年试制的"炭墼"以及制作"炭墼"所需用的模具，竟是一种燃料和制这种燃料的工具。但是甭管是什么，它们都是用于烹饪美食的，是制作美食必不能缺少的一个环节。做"吃主儿"容易吗？

翻回头来，再审视中西饮食的习俗。它们之中有着这样那样的不同也是不足为怪的。至于"吃主儿"爱说的另外一句话，点明了他们的信条："名贵不见得就是美味。"这几款西餐的菜肴，无非是对这句话的又一次体现而已。在当今的饮食范例中，这种现象还少吗？

张奶奶学做西餐之后，经过多次操作、体会，竟然在不长的时间内深得其精髓，以至多年之后，父亲出差不在北京的时候，祖父在家中宴请外国朋友时，能在家中做整桌的西餐菜肴。真是有些不可思议。那当然是后话了。

糖市

我还是喜欢玉爷穿着布鞋，穿着他平常穿的那身衣服。胸前挂着那块怀表。他又要带我出门玩去了。

我小时候，平时都是玉爷带着我，从牙牙学语到蹒跚学步都是玉爷或背或抱带我出门。稍大后，无论是去公园、看电影、买小人书、上糖市，都是玉爷带我去的，去的地方可太多了。什么去戏园子听戏、茶馆里喝茶、书馆里听书，去小剧场看杂耍，去西郊公园（北京动物园的旧称）看动物，逛厂甸，逛天桥，去菜市场买螃蟹、买鱼……这长大以后的事就先甭说了。小时候我最喜欢去的地方是糖市。

我最喜欢让玉爷带我去糖市

糖市在哪儿？是从齐化门（朝阳门）门脸开始，一直到小街十字路口儿一带。说是糖市，卖的东西可不是以糖为主。不能说没有卖糖的，路北有两三个常摊都是卖糖的，卖的糖还包括饴糖，玉爷说这种糖叫糖稀，是用"口小米"熬制的，这"口小米"就是张家口产的小米。这种物品名前面带一个地名用字组成的名词，还有口蘑、淮山药。

每年春天，有串街卖青杏儿蘸蜜的，一分钱买五六个青杏儿，还用一截秫秸秆儿蘸点儿"蜜"，那个"蜜"就是糖稀。我小时候年复一年看见多少个幸运的孩子，有的自个儿买点杏儿蘸着蜜边走边吃，有的家里的大人给怀抱着的小孩递在手里，让他蘸蜜吃。可玉爷怎么那么难说话，就是不给我买。

糖市卖的糖还有糖子儿和酥糖，每年冬天卖糖的多了起来，卖的都是关东糖和糖瓜儿。长长的关东糖和大鹅蛋似的糖瓜儿，有的外面粘满了芝麻，有的却一粒芝麻都没有。无论是关东糖还是糖瓜儿，把它用手掰开，都会看见里面有很多大小不一的孔。小时候我对这种糖观察入深，觉得它很像藕，我之所以对这种糖观察得这么仔细，是因为我从来没有吃过糖市卖的任何品种的糖，当然更没有吃过我从小就想尝一尝的那些幸运的孩子们所吃的那种"蜜"。按玉爷的说法可太绝对了，他说这儿的糖没有一样能吃的，太脏！这地方又过人又过车，暴土扬（读音同"瓢"）烟儿的，糖上都撒上"花椒盐儿"（尘土）了，没法吃。

可是没法吃，干吗还买呢？就买两根关东糖，不过，那不是给人吃的，是给灶王爷和灶王奶奶吃的。每年的腊月二十三都得祭灶。到了那天要把厨房里那张挂了一年的油脂麻花的灶王画摘下来，把关东糖放在火上烤烤，抹在灶王爷和灶王奶奶嘴上点，他们也不知怕不怕脏？然后把这张画团巴团巴攥到灶坑里头……

关东糖和糖瓜儿每年倒也都能吃着，那是玉爷带我去东安市场里的"稻香春"或是东单南边的"祥泰义"买的，这两个铺子里都用大玻璃盒子放着关东糖和糖瓜儿，但是这两个地方都没有"蜜"。

糖市里卖得最多的是干鲜果品，但是鲜果之中没有像鸭梨、香蕉、橘子、蜜柑、水蜜桃、荔枝这类果子，有的只是沙果、红海棠、香果、山里红、柿子这类果子。干果类的花生、瓜子也不太多。卖得最多的是大枣、酸枣、挂拉枣（焦枣）、山楂干、苹果干、杏干、柿饼、榛子、松子等等。

玉爷也不是绝对不在糖市买东西。买回还得加工，还得冰镇，可上哪儿冰去呢？

不用电的冰箱

我小时候，北京一般家庭中使用电冰箱的可谓是微乎其微。家庭中使用的多是用天然冰为冰镇源的冰箱。我家使用的冰箱的外层是用带夹层的木板制成的，两层木板之间填有厚厚的一层锯末。冰箱的内层是用铁板制成的。它的整体外观很像一个大型的三开门冷柜。里面有隔板，铁隔板之间挖有方形或圆形的孔，使它的内部相通，为使冷气从孔中贯通环绕。它的左半部有上、下两扇门，左半部上面那扇门中，有一个用铁皮罩着的木板制成的盒子，盒子的底部挖有圆孔，天然冰放在这个盒子里。左半部下面那扇门中用铁板把它里面隔为上下两层。上层放着一个用铁板焊成的方铁盒，它是用来接天然冰融化后的水用的；下层则可以放点要冰的东西。右半部则是一扇整门，里面用带有小孔的铁板隔为四层，这四层全可放置需要冰镇的东西。

至于鲜肉、鲜虾等特别需要冰镇的东西，则可以放在天然冰上。但是每次来冰之后必须用专用的干净布把冰盖上，要冰的所有东西在放入冰箱之前，也要事先用荷叶包好，不能直接放在冰上。

天然冰由城区内各冰厂供应，每年都要在冰季之前，先和冰厂订合同。按每天的用量一块或半块，一订就是整个儿冰季。这一个冰季大约就是一年中最热的三个多月。订完合同之后，冰厂有人定时定点把冰送到。送冰的同时还要把头天化冰的水倒在他随身带来的桶里，负责倒到外头去。去冰厂订合同的事归玉爷负责，他还带我去过。可这个冰厂具体在哪儿，现在我竟没有印象。

玉爷会做的东西多了去了

做甜品，那可是玉爷拿手的，会做的东西多了去了，没有一样不地道的。

果子干

玉爷有时候带着我买柿饼和杏干，这是做"果子干"的原料。光这几样还不够。玉爷还要带我去菜市买藕，等买完了藕才算把原料凑齐了。

回到家，玉爷和我先把手洗干净了，就可以开始操作了。把杏干一片儿一片儿地挑，坏的、有虫子的都不要，用开水泡上。等把杏干发开了，把水倒了，因为这头和里有泥。再用温和水逐个儿洗一遍，再倒上热水，泡泡再把水倒了。再用凉水洗洗，就放在碗里备用了。然后再归置柿饼。玉爷告诉我，咱们买到的这种柿饼还不是最好的，你嘴太急，按说应该买耿饼，那是山东菏泽耿庄出产的，要买得上东安市场。我也不管耿饼不耿饼了，这个不是也能凑合吗？我们把柿饼上的蒂摘下去，再用水把柿霜洗掉。玉爷又把藕洗净去皮切成薄片儿在锅里一焯，捞出来放在碗里头。再用锅烧开了水，晾凉了，把柿饼撕碎了放在锅里，把杏干儿也倒在里头泡着，等泡的汤发黏了，再把藕片儿倒在锅里，加点糖桂花，用勺子搅匀了，就把锅放在冰箱里，冰镇凉了才能吃呢！

玻璃粉

那时候家里还存着点洋粉，一条一条的，这个东西也叫洋菜。张奶奶、玉爷说，以前这东西很好买，这两年不知道为什么买不着了。它是用一种海草做的。它可以制作凉菜，也可以制作小吃。因为家里存的也没有多少了，还是紧着给孩子做点吃的吧。这不，它成了我的专用品了。

用它做的甜品叫"玻璃粉"，具体做法是先把它放在锅里加水煮，煮开时洋粉也化了，从火上把锅端下来，使它自然冷却。稍凉之后倒在碗里头，完全晾凉之后，把碗放在冰箱里冰镇。几小时以后它就冻成了无色透明的冻儿。用小刀在碗里把它划成碎菱形块儿，浇上事先冰好的果子汁，就做好了。

当年在北京要买果子汁还真费劲。瓶装的果子汁，根本没这东西，只有橘子粉一种，还没有大包装的，都是小袋的，两毛来钱一包儿。另有一种果子粉像方糖，两种口味，分别是橘子粉和柠檬粉，大小如两个叠起来的火柴盒，包装纸上印的是一只游水的鸭子。橘子粉是橘黄色的，柠檬粉则是浅黄色的。要买这个东西还不大容易，必须去东安门大街路北那个义利食品公司营业部。买回来，把一整包果子粉用温水化开，自然冷却后，放入冰箱镇凉了。临吃时，把果子水浇在玻璃粉上，一起食用。

做汽水

那时成品汽水不是没卖的，但品种极其单调，这还其次，最要命的是太甜了，不大好吃。要不然我怎么还和玉爷做过"汽水"呢。

那是个比我年长几岁的孩子告诉我的方子。玉爷还不信，问他从哪儿弄来的方子。他还真没蒙人，从家里拿出一张《少年报》来，敢情是报上登的，那没错！玉爷信了。按方抓药，一种是小苏打，得上西药房买去；一种是酒石酸，得上药剂商店买去。那时候倒没有处方药这么一说，到那儿几毛钱就全买齐了。还得找个干净的带拧盖的瓶子，可是这瓶子上哪儿找去？一句话，没有。那时候食品包装的瓶子没有拧盖儿的，要不就是铁皮盖的，要不就是软木塞盖的。还是用第二种吧，还好盖点儿。

首次试制，还真郑重其事。先把橘子粉化在碗里，灌在瓶子里。倒点酒石酸，再倒点小苏打。可能是怕出的汽少，每样都多搁了点儿。把软木塞盖上，心说这不齐了吗？哪承想"砰"的一声，软木塞就崩出去了，瓶子里的水随后溢了出来。赶紧喝吧，别让汽跑完了。我抄起瓶子，一口我就傻了眼。怎么这么咸呀，又咸又酸，这是什么味儿？我这一愣神儿，再看这瓶水儿，还剩半瓶儿。再试试，依然是又咸又酸，还没有汽了哪。那一天还真没闲着，前后做了七八瓶，没有一瓶成功的。得了，也别糟践东西了。

"吃主儿"没有不敢做的东西，但也不是样样都能成功。做"汽水"不就是个明显的例子吗？这玩意儿自个儿还真没法做，也别捣那麻烦了，还是能做什么做什么吧。

糊子糕

玉爷会做的甜品，那是没挑，还真有独到之处。

有时候去糖市买来山里红，我们一块做"糊子糕"。把山里红洗干净了，先把果把儿揪下去，用小刀把它从中间转着圈划开，再把它掰成上下两半，用竹签把里头的籽挑出去之后，再用竹签把它顶端的硬皮捅下去，放在水盆里。全弄完之后，用清水洗几和，放在砂蓝子里加水煮，还要加不少冰糖。要使它煮出来不酸，加的糖可就扯了，至少要一斤山里红加一斤冰糖为度。煮烂之后过罗，罗去果皮和果筋后倒在容器里，自然冷却后冰镇。

这个东西，没什么好吃。糖加得不少，但是吃着还挺酸，酸中又舠甜，还能好吃得了？

糖葫芦和拔丝山药

山里红要是蘸糖葫芦，是我儿时最喜欢吃的。做这玩意儿，玉爷可真是首屈一指，凡是吃过他做的糖葫芦的人，都说从来没吃过这么好吃的糖葫芦。那些人就甭说了，张奶奶是个

"吃主儿"吧？她也说实话了："玉爷？您还真别小瞧他，他做这个还真是一门灵。卖糖葫芦的没在这儿，要在这儿，还不得磕头呀，祖师爷在这儿呢！"

　　糖葫芦真要到了蘸糖这一步，可就是十成完成九成了，它的准备工作也太麻烦了。竹签是玉爷自个儿做的，用刀劈好了之后，不算完，还得用砂纸打磨打磨，不能让它带毛刺儿。竹签有粗有细，但每根的表面都是粗糙而不带毛刺儿。玉爷是这样解释的：用砂纸打，只是去掉毛刺，但又不能把它打磨得太光滑，要是那样儿，在穿串的时候，串上的东西爱出溜。

　　澄沙馅儿要事先预备好，还得买山药、山药豆和山里红。山药在当时北京市场上有两种，一种是脆山药，也叫南山药，长得笔管条直，但是它煮不面，不能用。要买的是俗称北山药也叫面山药的那种。买来洗净之后，按一定尺寸切段，再把它蒸熟了，拿出一两根把皮剥下去，放在碗里用勺子把它碾碎，碾的时候加糖把它制成白山药泥。另外的山药，一段一段的正好穿在竹签上备用。山药豆也洗干净蒸熟，用细竹签穿上，穿串的时候还要大小分明，先穿小个儿的，逐一增大，最后穿的是最大的。还把其中几串山药的压成扁片儿，为的是增加一个花样。可是它真蘸上糖，和那不压扁的其实是一个味儿。

　　山里红选购时就得挑好的，买来之后，更要逐个儿挑选，有虫子的、长得不好的当然不要。大小也得选，和山药豆一样，讲究先穿小的后穿大的，最后穿的是最大的。穿之前要先去籽儿，先把果把子揪下去，然后它拦腰切开，把籽挑出去，再把它合成整个儿的。穿的时候，麻烦透了，还不能把它穿裂了。这个品种是糖葫芦里最普通的一种。还有一种山里红扁的，是把这种穿好了的糖葫芦用水煮熟了，再压成扁片儿。

麻烦的是把山里红分成两半去籽之后，往两片之间嵌上山药泥和澄沙馅儿的，要等嵌完之后再把它们穿在竹签上。

玉爷事先预备好一块大理石板。也无怪玉爷做这东西好，他家伙全呀。那块大理石板原先是家里一个旧红木桌面上嵌的石板，这桌子散了，桌子腿也找不全了，玉爷就把石头面留起来蘸糖葫芦用了。

下一步该熬糖了。这熬糖可是个技术活儿。锅坐火上烧热之后，先放油少许。油稍热，把冰糖砸成的碎渣儿放在锅里，锅里先泛起大泡，再泛起小泡儿，等小泡即失就赶紧蘸糖葫芦。蘸上薄薄一层糖后，放在石板上。逐根紧蘸。蘸的时候还要注意火候，也就是注意锅中的变化，要太热，还得一只手端锅离火，另一只手接着蘸。完成全过程也就在片刻之间。否则糖熬老了，蘸出来也好吃不了了。

据玉爷说，这熬糖是个要注意的地方，火候得注意，尤其是注意搁多少油，一定要把握分寸，油多了，不黏，也就蘸不上糖，不加油蘸出来不亮，吃起来不脆。

如果真学会了这手，您还同时基本学会了一款菜了，那就是"拔丝山药"。当然了要做这个菜，还要先把山药去皮、切成滚刀块，过油炸出来。等熬完了糖，把炸好的山药放在里头，颠翻几下出锅即可。

做这个菜时盛盘之前必须把盘子先抹点油，为的是让它不粘盘子。吃时还要上一碗凉开水，为的是夹一块在凉水中蘸一下，使拔出的糖丝遇冷变脆，断开。玉爷告诉我，蘸糖葫芦熬糖还有另一种熬法，是加水不加油，先往锅里加一点水，再下冰糖渣儿。这种做法蘸出来的糖葫芦没有前者漂亮，口感也稍逊于前者，没有那么脆那么亮，但是操作相对简单，掌握火候也容易得多。他说两种他都做过，可后来就用第一种了。

江米藕

"江米藕"是玉爷制作的另一种小吃。这种东西的原料就是江米和藕，具体做法是江米一小碗，先把它平摊在一张白纸上，把它挑干净，挑完用水淘洗干净再泡一天后备用。

选购藕时必须注意，粗壮、肥硕之外，选购的藕必须是两头藕节完整的藕。确切地说，这段藕是完整无缺的，因为只有这样的藕切开，它里面的孔道才是白的，如若不是这样标准的藕，孔道内壁是褐色的水锈，不堪选用。

把藕买回来之后，先用清水把它洗刷干净，用小刀把两头的藕节削下一圈，把藕节上残留的黑皮以及根须全部清除掉，再把整段藕用小刀刮去皮，把藕平放在砧板上，将这段藕一端的藕节切下来。下刀的地方往里一点，不要贴着藕节，否则即使切开，藕的截面也无法伸进筷子。下一步就是往藕里灌米。米粒塞不进去时，可用筷子往下捅一捅，也可以用水冲一冲，力求把所有的孔道都塞满了米，但也不能塞得过满，要留出江米蒸熟发胀的富裕，要不，江米都蒸得胀出来了还是夹生的。做完这步之后，把切下来的那头按原先的位置对接好，再用牙签把它插实，防止米流出来。

把归置好的藕段放在盘子里，再入蒸笼旺火蒸两小时，把它蒸熟蒸软。取出来，切片儿，撒上点白糖就能吃了。

糖水海棠

最好做的是"糖水海棠"。把洗干净的海棠放锅里，加水加冰糖煮半个钟头也就煮得了。

可每回煮海棠时，玉爷都跟我"蹿檐子"。这个词是一句北京土话，其中有"发急，暴跳"的意思。玉爷也是好心，他老想给我做正宗的糖水海棠，可是正宗的，那得用果子摊上卖的上品海棠——大白海棠。甭说糖市了，一般小果摊都没有卖的，那谁等得了哇？就用糖市上有的红海棠凑合煮煮不就得了吗？不就是煮出来有点涩，有点酸吗？可是煮它不是快嘛。我这么想，也这么说，非逼着玉爷用红海棠做糖水海棠。玉爷也没办法，只好这么煮。可煮的时候，您听吧，叨唠可就没完了，什么"没有这么煮的，也没有这么吃的"，什么"这么煮，多让人笑话呀"，还有什么"煮出来又怎么吃呀"什么的。

这玉爷也真是的，您蹿哪门子檐子呀，煮出来不是我吃吗？我就爱吃这口儿。快熟就得。还管它酸不酸、涩不涩的。这厨房里不是没别人吗，可让谁笑话呀。再者了，他凭什么管咱们家的事儿呀？

整个儿一个胡搅蛮缠，玉爷也没辙，就因为我嘴急，到了（读音同"钉"，上声）也没吃过一回正宗的用大白海棠制作的糖水海棠。可是退一步说，即使就是用大白海棠制作的这种东西又能好吃到哪儿去？不就是个甜吗？

糖水杨梅和奶油洋莓

"糖水杨梅"和"糖水菠萝"也是玉爷常做的甜品。杨梅和菠萝都是南来的水果，这两样都不是难买之物，但是买杨梅的时候还得费几句话，一定要点明了要买树上结的杨梅，否则十有八九人们会认为要买的是草莓。

当年北京管草莓就叫洋莓。这种水果是从外国引种的，引种成功是早年间的事了，可是这么多年来它的"洋名儿"可没改过来。

顺便说几句，当年要吃洋莓可麻烦透了。麻烦从买开始，要买它并不难，难的是不能逐个儿地挑，买一斤也好、二斤也好，都由卖主儿（卖货人）往秤上撮。他也不容您一个儿一个儿地选。如若那样儿，您倒合适了，果子都让您捏坏了，剩下的卖谁呀？

买回来先得挑一遍，把坏的、破口儿的都挑出去，再透洗。洗的时候千万别把果蒂揪下去，得用灰锰氧溶液消毒，再用清水过几遍，把灰锰氧冲下去。在这之后再去果蒂，洗儿和就能用了。如若先去了果蒂，消毒时灰锰氧渗入果子中，再怎么洗也洗不出去了。

都洗完了该吃了吧？不能。还得洋物儿洋吃，把它放在一个玻璃盘里，浇上搅好了的鲜奶油才让吃。

按张奶奶、玉爷的说法，以前家里西餐宴客，餐后的水果中就有洋莓，或是浇鲜奶油，或是浇威士忌。

对这种说法，我很不以为然。威士忌，那是酒，还想把洋莓当成活虾米，非把它醉了才能吃，有这个必要吗？再者了，我也不喜欢酒味儿。这不是成心不让小孩儿吃吗？

即便是往上浇鲜奶油，我也嫌它多此一举。我往往在刚把它洗完之后，就把盘子端走了。为这个，玉爷可没少跟我翻斥（北京土话，吵嘴、斥责的意思）。

后来，可倒好，鲜奶油干脆在市场上买不着了，玉爷也没辙了。这下儿，倒省心。老人家也甭冲着我蹿檐子了。

杨梅这种水果的表面有粒状的突起。当年运到北京来的货品质不一，杨梅的统货，似乎尚未完全成熟，颜色为红紫色，口感偏酸稍甜，生食就显得太酸了。杨梅的上品从包装就能区分出来，它是一小筐一小筐的。小筐是用山草和竹片儿编成的，一筐约重十斤。把它的盖打开，您看吧，细细的树叶垫在草筐的筐底和筐壁，里面一个个儿大小一致、通体深紫熟透了的杨梅。送到口中一枚，那美呀，就甭提了，那滋味可真不是一般水果所能比拟的。

可是这是不是制作糖水杨梅的原料呢？这样美味的东西，生食最佳，何必还把它煮熟了再吃呢？真要做糖水杨梅还要用统货。只是在选料时费点劲，力求挑选不烂、不坏、不太生的好果子。所谓好，也无非就是"矮子里头拔旗杆"罢了，尽力而为吧。

把它买回家，透洗干净，放入锅中加冰糖煮制。它是酸，但有了糖，还怕它酸吗？多加点糖就有了，可是煮出来的东西吃的时候却有点麻烦。因为凡是用添加糖的方式克制原料酸度的甜品，其口感没有一种不齁的，齁甜齁甜的，直接食用不太适口。所以做出的这个糖水杨梅应该叫作"糖水杨梅卤"才更加贴切。在食用时先舀上一勺倒在碗里，再加上凉开水，和弄匀了，才能食用。

糖水菠萝

糖水菠萝就比上款好吃多了，只是在制作时麻烦一点儿。

把菠萝买来之后，要先洗干净，用刀把顶部带叶子的部分削下去，再顺着菠萝上斜着的小方格的纹路下刀，把它的皮一路一路切削下去，具体方法和现在街头卖菠萝人削皮的方法相同。玉爷以其娴熟的刀功，削好一个菠萝只在片刻之间。但是有一点和现在商家归置菠萝是不同的。当年凡是吃菠萝的人没有吃菠萝心的，还要把菠萝竖着切成四块，逐块把心挖出去，再把它切成薄片儿，泡在淡盐水中，至少泡十几分钟后才算完成先期工作。无论是生食、熟用都必须把心挖去。现在据我的观察，街头的小贩都省略了这一步，是现在的菠萝优化了，心也能吃了，还是什么原因，就不得而知了。

制作糖水菠萝只需把泡在盐水里的菠萝片儿捞出来，加冰糖再煮十几分钟就可以了。端锅离火自然冷却，放入冰箱冰镇，吃时不用加水。盛上一碗，您尝尝，它的味道和罐头糖水菠萝不相上下，甚至比罐头味道还好一些呢。

糖水煮水蜜桃

真正好吃的糖水煮果子，并非以上诸款，最好吃的莫过于"糖水煮水蜜桃"了。

水蜜桃在糖市上买不着。那时候，要买水蜜桃非常容易，有走街串巷背着筐卖的，也有街上果子摊上卖的。当时北京卖的水蜜桃，最常见的有两种，一种就是称之为"大叶白"的蜜桃，另一种是称之为"玛瑙红"的大蜜桃。

玉爷带着我总是要挑前一种，他说这种桃煮出来肉头，好吃，而对后者从不选。据他所说，这种桃看着漂亮，煮的时候不爱熟，又费火又费糖还不好吃，生吃倒还凑合。

玉爷每次都挑十几个桃，买回家里放在一个水盆里，抓上一些盐撒在桃上，用手把盐在桃上摩挲。做这一步时，老是让我站在远一点儿的地方。不让我上跟前去，是怕桃毛黏在我身上痒痒。等我能接触桃子的时候，他已经把桃冲洗两三遍了。

玉爷和我把洗干净的桃，用小刀把皮片下去，再从中间切开，把桃核旋下去，放在一个容器中，再洗一两和，就交给张奶奶了。张奶奶把桃放在一个钢种锅里，加上水，再加上几块冰糖渣儿，煮开之后，把浮上的白色的浮沫儿撇出去，改用小火煮到桃软，端锅离火，盛在大碗里，放在冰箱里把它镇凉了。

夏日的晚上，吃完了晚饭后，在院子里乘凉的时候，来一碗，甭提多舒坦了。

杏露

在杏儿下来的时候，玉爷还教我做过"杏露"。这种甜品的原料是市场上卖的黄杏儿，而那种又甜又大的大白杏儿不是做杏露的原料。玉爷告诉我，那个大白杏儿倒不是不能制作杏露，只是因为它品质太好了，煮着吃太糟践东西了。这种大杏儿，生吃多好，干吗还多费一道手呢？可是那种黄杏儿不然。别看它颜色不错，个头儿也还可以，可是口感比白杏儿可差远了。市场上那种小黄杏儿，不能做杏露，因为它口感又太差了，不但酸，而且还发苦，加多少糖都白饶，所以根本不能用。

玉爷带着我买这种杏儿也很少去糖市。因为品质好的黄杏儿在糖市上很少见，可是在果摊上却是寻常之物。

每回买的时候，玉爷都要逐个儿挑选。他把杏儿一个一个地拿在手上，转着看。在玉爷的言传身教之下，我终于知道他在看什么了。他是看这个杏儿有没有虫子眼儿。玉爷说："这虫子鬼着哪，不熟的杏儿它不吃。它专挑那些个又大又熟的好杏儿，爬在杏儿上把杏儿嗑开，它钻进去。住在里头，足吃。要是不管不顾，不挑仔细了，把杏儿买家去，这里头备不住就有有虫子的。哪位再嘴急点儿，抄起来就咬，您猜怎么着，先来一口'澄沙馅儿'（虫子屎）。"您琢磨琢磨，玉爷说的这话逗不逗？再者了，他这么教给我，我能记不住吗？

把杏儿买回家以后，玉爷和我先得用胰子把手洗干净，再把杏儿用水先洗几和，把浮土先洗下去，然后用灰锰氧几粒，冲一盆紫药水把杏儿消毒。消毒后再用清水洗，把紫药水冲下去。下一步要把杏儿一个一个掰开，把核去掉。这杏核就不要了，因为那时候，玉爷告诉我"甜杏儿苦核，苦杏儿甜核"，说的是如果杏儿是甜杏儿，它的杏仁儿是苦的，反之如果杏儿是苦杏儿，它的杏仁儿是甜的。这种杏仁儿我背着玉爷砸开过，它果然是苦的。苦杏儿我没见过，虽然我也吃过不苦的杏仁儿，但我却从来没吃过像糖那样甜的杏仁儿。

我们把杏儿掰完了就交给张奶奶了。张奶奶把杏儿放在锅里煮，煮的时候加不少冰糖。等把杏儿都快煮"飞"了的时候，就可以端锅离火了。

把煮好的杏儿晾着，等到热气散尽的时候过罗，把杏儿里的果筋以及残留的杏儿皮罗出去。下面容器中的净杏蓉和汤汁就是"杏露"。把杏露灌在一个个广口的玻璃瓶子里，盖上盖，放在冰箱里镇上。等它镇凉了之后，要想来点，可不能拿起来就喝，得把它倒在碗里点，再加上半碗凉开水，要不然太甜又偏酸。也只有把它稀释，才恰到好处。

这个杏露，我对它不甚感兴趣。听玉爷、张奶奶说，这是我父亲最爱喝的东西，他喝杏露时甚至可以不对水。可是我总觉得它太甜，还是酸梅汤平和一些。

酸梅汤

"酸梅汤"只是它的名字而已。它的制作原料却是用熏制的酸梅，也就是品名叫作"乌梅"的加工酸梅。要买上好的乌梅，食品店是没有的，必须要去中药铺。

它的制作方法较为简单。只需买上三四两乌梅，先用温水泡泡，再用手轻轻地逐个儿搓搓，把它表皮上的浮土去除，再用清水洗上两和，就可以放在锅里煮了。水将开撇去浮沫儿，加冰糖改小火煮个把小时。临端锅离火之前加点糖桂花，再煮煮就可以离火了。晾凉后，用洁净的纱布过滤，滤出的清汤就是酸梅汤。把它灌在瓶子里，放入冰箱，镇凉后，只要想喝可直接倒在碗中饮用，它酸甜适度，又有淡淡的桂花香味，是一种非常好喝的暑令饮料。

番茄汁

我儿时最喜欢喝的一种自制饮品却是"番茄汁"。它是用西红柿生榨而成，制成之后加盐调味，再加胡椒粉少许，放在冰箱里冰镇。

在骄阳似火的暑夏，从外面疯跑回来，呷上一口冰凉可口的番茄汁，既有补充大汗损失盐分之功效，又有微微辛辣的胡椒粉的特殊香气，芳香开窍，沁人心脾，妙不可言。

这种口味的饮品只能自己制作，至今在市场上还没见过。

制作这种番茄汁操作起来是十分简单的，所注意的无非是卫生和选料。

买上十几个大西红柿，用清水洗干净后，用灰锰氧水浸泡十几分钟，再用凉开水反复冲洗干净，就可以制作了。制作前操作人再把手反复洗上几遍，擦干。西红柿用沸水浇过，去皮去蒂，切成小块，用洁净的纱布一次包上几块，往碗里挤汁。十几个大西红柿是能挤三大碗番茄汁。

现在要用盐调味了，盐的用量实际上很少。那么到底需要在番茄汁里加多少盐才算合适呢？也就和用于口腔消毒的淡盐水差不多。胡椒粉更要悠着放，稍稍一点点就可以了，否则它就不是番茄汁而成为酸辣汤了。

在选料方面特别值得一提的是，五十年代北京市场上能买到的西红柿有好几种，我印象深的有以下几种：一种是桃形的小西红柿，它的外观与毛桃相似，果皮厚，果肉粗，食之口感欠佳，故此不用。另有一种圆形西红柿很有意思，它无论多么成熟，上头已经红透，甚至有些变软，果蒂的周围却还是绿的，虽然是绿的但并不影响它的口感。红透了的地方味道就不用说了，绿色的部分还相当脆，生食有一种清脆爽口的感觉，难怪菜摊上的售货员戏称这种西红柿为"苹果青"，但是用它榨汁不合适，出汁太少。再有一种是粉红色的西红柿，个儿大，沙瓤，堪称上品，一般生食、凉拌非它莫属，但是制番茄汁却不行，因为它果肉太多，如果用它榨汁，出汁太少。至于大黄西红柿，表里如一，色泽金黄，据说是从口（张家口）外运来的，口感固然不错，可它也属沙瓤口甜之列，当然也不属考虑范围。倒是一种微酸多汁的西红柿，也就是家庭主妇用于烹制菜肴首选的西红柿，是制作番茄汁的原料。

这种番茄汁原本是西餐宴席餐前、席间的一款饮品，可是因为我儿时酷爱这种自制饮料，所以只要在市场上有那种适合榨汁的西红柿的时候，玉爷、张奶奶总是时时买回来，我们三人齐动手做了一回又一回。它反倒成了冰箱中常备的饮料了。

现在酒楼、饭店或稍上档次的餐馆供应生榨果汁的比比可见，其中番茄汁的品牌众多。但是百分之百纯番茄汁的配料无非两种，一种是含砂糖或者不含砂糖但含阿斯巴甜或甜蜜素的，总之是甜口的；另一种是用浓缩番茄汁加纯净水对制而成的，原汁原味，特别强调的是绝不含糖，当然，也绝不含盐和胡椒粉。

倒是一九七九年本人赴美探亲途经日本，转机下榻成田机场，在登机之前享用机票所含自助早餐的餐厅里，饮用了纯正的我儿时所熟悉的这种番茄汁。

该品的口味疑为舶来品，但是它源于何方、流传于何地就不得而知了，以至每每向周围朋友提起时，大家无不茫然，不知何物。

过年啦

　　每年临近年根儿底下的时候，张奶奶都在忙碌着制作过年的各式食品。虽然忙碌，但是干的每一件事都是一板一眼，从容不迫。我记得，每天早晨张奶奶都要把玉爷发出去，让他买这个、买那个。玉爷刚忙完了上边（祖父那里）的事，收拾收拾就准备出门了。我倒很希望叫玉爷出门去，因为我也可以跟着玉爷上街了。

　　玉爷带着我上猪肉铺、羊肉铺、鱼店、菜市场，有时候一趟买回四五样东西，有时候一趟买回来七八样东西，还有的时候，下午还找补一趟。买回来的东西也是杂七杂八，五花八门，什么羊下水、猪下水、牛腱子、牛口条、猪蹄、猪肘子、小鲫鱼，买的青菜样就更多了，什么芋头、茨菰、香菜、芹菜、菠菜、冬笋、胡萝卜、大白菜、山药、蔓菁、卞萝卜……

还要买果子

除了买菜之外，还要买果子。这果子包括鲜果和干果，而鲜果之中还分闻果和食果。

闻果

所谓"闻果"就是用于闻香味的果子。在北京通常也就有佛手和香橼两个品种。这两种果子从外观来看都是橘类或柑类的水果，但是它们的外皮都很厚，果肉甚小，根本不能食用。但是也就是那粗糙且厚的果皮能发出一股清香。两种果子的外皮都是黄色的，而佛手皮的颜色更鲜亮一些。

香橼圆形，很像一个厚皮的橘子。而佛手俨然像一个胖佛爷虚握的一只手，手指微微挑着，略呈兰花指的姿态。是哪位高人给这个果子起的名儿？太恰如其分了。

作为闻香用这两种果子均可，但是实际使用只选其一，很少有人同时使用的。其中佛手优于香橼，所以一般来讲有了佛手就不用再买香橼了。这东西放在哪儿呢？或是上房大八仙桌的正当间儿（读音同"件儿"），或是在上房一个显眼的地方摆一个高几，放在几面上。要摆这个东西，讲究用一个大瓷盘子，用十来个佛手一层层垒起来码放在盘子里，一个礼拜左右撤换一回。一般来讲都是整撤整换，没有零揪的。

那当儿，屋里用于营造芳香环境的不单是这一样。临近年下（读音同"些"，轻声），水仙花也快开了，把养在注满清水、用石头子儿馇着的水仙从冷屋子里请出来登堂入室，同时请出来的还有那十来盆用紫砂花盆种的兰花，每盆兰花的根上都或多或少滋出来顶着淡绿色花蕾的"腱子"，开花已是指日可待了。也许是因为这种带花蕾的芽长得壮实，有点像牛腱子，北京人把这种长着花蕾的嫩芽称之为"腱子"。把长出"腱子"的那几盆兰草分别摆放在上房、堂屋里不碍事的地方，什么条案、架儿案的案头，或是哪个花架子上。待花绽放之后，必定要选出一盆开得最好的摆在平常作画、写字的大画案上。

这些个花还有个讲究，不到这日子口儿，就先把它们放在不生火的冷屋子里，您要提前把它们弄出来，它倒得意（读音同"以"）了，没几天就疯长，花早开过去了，也就不能在该用它们的时候再发挥作用了。

这两种东西还各自有一些讲究。养水仙选用的石头子儿是越普通越好，这点还跟有些人家儿不大一样。当时不是没有那路人，什么用雨花石的，用玛瑙蛋子的，用五色石子儿的，颜色可就多了，泡在水里甭提多鲜亮了。可是有一解（读音同"节"）他们没弄明白，水仙花取义于"洁身自好"，是个属于"清供"的东西，根儿底下太热闹了，可就违忤了本意了。再者这也是喧宾夺主，反而不美。

兰花则另有讲究。如果把花盆外头再罩上瓷罩盆，可比现在这模样花哨多了。但是真要这样摆在屋里，必定会产生一种浮华、呆板的感觉。喧宾夺主倒还事小，它也不雅呀。至于兰草中的另一品种蕙是绝不能摆在屋里的。别看它一根梃儿上能开那么多朵花，可是它没香味呀。没香味还算好的呢，有的品种开花的时候还会发出一阵阵臭气。您想，要是把这玩意儿请进来，不是自个儿和自个儿过不去吗？

屋子里的气味由这三品遥相呼应，水仙的冷香、兰花的幽香、佛手的清香交汇在一起，这是何种的意境。

可是真到了正日子，就全玩儿完了。也不知道从什么时候起，什么人立的这个规矩，这天必得焚高香。什么香饼儿，什么藏香，都凑到一块，满屋子弥漫着烟熏火燎的怪味儿，整个儿一个庙堂味儿。任您原先怎样"作雅"，怎样"清供"，怎样费尽心机弄的这点清香味，全让它毁了。

食果

至于"食果"，从字面上来看是用于食用的果子。可是确切地说，食果不是用于闻香的果子。因为食果中除了招待客人以及自家食用之外，还包括用于拜佛祭祖用的供果。当然在供果撤供之后也变成了人吃的果子。

每年年下，拜佛祭祖是例不可少的。

在上房后墙有用木隔扇辟出的一间佛堂，是拜佛祭祖的所在。在香炉和烛台之间有四个高脚果盘，这四个果盘上码放的就是供果。

供果以及招待客人的果子其种类并无两样。通常也就是香蕉、苹果、鸭梨和橘子四样。四盘一摆透着漂亮，可是未见得样样好吃。头一样香蕉，没什么可评论的，只是市场上既有香蕉也有芭蕉。当时的概念和现在不同，现在还有人偏爱芭蕉，是出于回归自然还是养生保健的角度，芭蕉比香蕉还受欢迎哪。可是当年码果盘只能用香蕉，原因显而易见，它甜哪。

苹果就有点意思了。当年北京的苹果要从"色香味"来讲，前两字绝对在讲，绿中透红，漂亮极了，还有一股子清香味，那个好闻哪。有些家庭甚至用它作为佛手、香橼这类闻香果子的代用品。可就有一样，它不怎么好吃。它有水头，也甜，可是不脆又发泡（读音同"抛"，意思是虚而松软），确切地说有点泡泡囊囊的，其口感远不如夏天卖的香果（俗称"虎拉车"）好吃。不好吃就不好吃吧，谁让它长得喜欣（北京话读轻声）呢。

第三种是我喜食的水果。鸭梨可是好吃的东西，又脆又甜，水头比苹果大，果肉又细发（北京话读轻声）。这个东西真要买还得多买，码果盘用不了几个，自个儿吃也打出去，还得预备多点，用它做菜。

果盘里的果子还有橘子。当年北京市场上能买到的橘子和柑类水果不止一种。

最好吃的当首推蜜柑。这种水果产于福建，每年临近年下的时候就开始上市了。它个头儿大，一般一斤也就能约个三四个。这种柑子水多且甜，无疑是果中上品，断档几十年了，不知道现在产地还有没有。但是正因为它的个头儿，它不能成为果盘中码放的水果。真要码就能码仨俩的，也不像样呀。

个儿小的也有高品质的橘子，像南丰蜜橘，也就有个荸荠的个儿，有的还小点，产地也是福建。上品来的时候，放在用竹劈编的小圆篓子里，篓子半尺来高，一篓子有个几斤。大包装也用竹篓子包装，但是那可就是统货了。随便拿一个一比，两者口感相差颇远。这个品名的水果现在虽然很常见，但就口感而言，如同两种水果，简直不可同日而语了。但是因为它个儿太小，也不能作为码放果盘之果。

另有叶橘，这种橘子产量极高，我曾在中山公园橘展中见过这种橘子树，枝条如藤，结果累累，能不高产吗？其品质就太差了，核多且酸，个头儿和现在市场上常见水果砂糖橘相仿，也是个儿偏小的品种，亦排除之外。大小适中的果子有广柑，圆圆的，看着也好看，可是不好剥皮，吃着费劲，就因为这个它也不能用。

真正用于码盘的是一种品名叫"福橘"的橘子。这也是产于福建的橘子，果皮为红橙色，个头儿大小适中，可是口感欠佳，甜中带酸，有的还有股子苦味，不是什么上品果子。

食用供果还有一个值得注意的地方，就是关于鸭梨的禁忌。从谐音的角度，梨和"离"谐音，也就是要吃梨，您就一个人吃，吃一个，吃俩，把一盘子都吃了没人管您，可千万别和他人分而食之，那可就犯忌了。别看人家当面没说您什么，可是人们就会觉得您没规矩。为了吃个梨，落这么个印象，犯得上吗？

干果

年下招待客人除鲜果果盘之外，还要有干果。干果是用果盒装就的。果盒是一个专用器皿，它是一个内中带格的大捧盒，外边多是圆形或瓜棱形的。果盒也有大小之分，内中的分格多少也和果盒的大小有直接的关系，一般来讲分格在十至十六之间不等。

至于布在果盒里的果品，并无明文规定，但是也不能随心所欲，换言之，也不是所有的东西都能布在里头。

通常能入果盒的有干荔枝、干桂圆这两种属带壳的干果。炒货就多了，像香榧子、南瓜子、花生、榛子、松子、西瓜子等。但是这里还有讲究。其中榛子和松子必须事先去壳，挑出果仁儿来，还必须是整个儿的，碎了的不能入盒。西瓜子，市场上分两种，一种是炒货，一种是酱油瓜子。前者可直接入盒，后者一般不能入盒，如若非要入盒也可以，但必须先把它晾干了，不带水汽方能入在盒中。

花生就值得讲讲了。当时市场上带壳的炒花生大约分三种，一种是产于北方的大花生，粒粒饱满，可是它却不是入盒之物。另一种叫半空儿，是北京人最喜食的零嘴之一，这种东西其实和大花生是同一品种，只是在收获时尚未长饱满，果仁儿在干后缩小了，分量自然也轻，但是炒食口感极佳，远优于饱满的花生。当年北京有专卖半空儿的小贩，吆喝起来这味儿："半空儿——多给。"可是它也不属入盒之物。是否必得用花生米呢？也不是。无论是五香花生米，干炒花生米，炸花生米，干脆一句话，去了壳的花生米都不能入盒。可用的花生只有一种，它必得是产于南通，叫作"银锭花生"的带壳花生。这种花生比北方产的花生个儿小，但其口感有一种香味，是其他花生所不具备的，要买这个东西只能去东安市场内的稻香春，其他地方是不可能买到的。

入盒的还可以有椒盐杏仁儿、椒盐核桃仁儿什么的。

至于不能放入果盒里的东西就太多了。像什么干枣、蜜枣、焦枣、向日葵子、各种蜜饯、果脯、块糖、铁蚕豆、炒豌豆、杏干等等。

这是为什么，我不止一次问过张奶奶和玉爷，他们只能笼统地说，办什么事都得有规矩，但这个规矩具体怎么制定的，他们也说不出一个所以然。看来探究其详是不可能了，但是家里的亲戚朋友、我串门到过的各家各户所见的果盒都是按此定制的。看来也是一种习俗吧。

茶果

年下除了食果和果盒之外，还有一些果碟。这碟内之物可就有点新鲜了。入碟之品可谓是五花八门，非属一类。而且果碟也不是事先预备好了的，而是在客人来了，落了座上茶之后，随茶而上的，一律用小白瓷碟装就而来。

这些果碟还称之为"茶果"。从这个叫法就可以知道这些都是和吃茶有关的东西。茶果的品种繁多，每次来客人也不是尽数全上，往往根据来的客人多少、亲疏程度上那么几盘。但是其中最早上的，必不可少的有两碟，它们就是青果和藏青果。

说起青果，可能有人不知道是什么东西，可是如果说起橄榄您就明白了。这青果实际就是橄榄的别称。它属当年的一种时令鲜果，每年冬天，北京的市场上就有卖的了。这东西在当年不算什么，还甭上什么大果摊、有名的字号，甭说繁华的大街了，就是宽点的胡同儿里的果摊都能见着它。价钱也不贵，每斤单价不过一元。可是它在北京已经断档不少年了，也不知道是个什么原因。

这东西青绿青绿的，果肉偏硬，里头一个大核，非常坚硬。要是没吃过的，极易硌着牙不说，很可能不能接受这种口感。可是爱吃青果的人认为它是无上妙品。

吃青果讲究把它含在口中，用牙把它轻轻嗑开，嘬内中的滋味。它像一股清泉，使人精神一振。徐徐把这点味嘬完之后，再用牙嗑开一点果肉，再喝上一口茶，使茶香和果香混为一体。等充分体会过后，再取一枚放在盖碗里，用茶浸泡着，再一小口一小口呷着那用青果泡过的茶。一种说不出的美感油然而生。有的人是在喝茶续水的间歇细细地品味，他是不愿把它泡在茶里，怕茶水冲淡了青果的滋味。

我从小就喜欢吃青果，以上这种食用方法，对我来说是不解气的。我时常是抓上一把，拿一个塞在口中，三下五除二用牙把果核上的那层果肉尽数刮下，大嚼一番，美美地噉食它浓浓的滋味。继而又换一个，不大工夫，又该再抓一把去了。

青果这东西，要是问真了它是个什么味儿，也就是苦和涩。但是为什么又说它是个好吃的东西呢？这还真很难把它解释清楚。只能是有机会，您亲口尝一尝，体会一下；才能明白。正是因为它有的这种特有的味，才能在食用它的时候有着异样的感觉，才会觉得这是一味无上妙品。

藏青果是一种干果，也是一味中药材。据说具有润喉、生津、止渴之功效。无论是在当年还是现在，随便去哪个药铺都能买着它。可是当年我家里的藏青果却不是买的，而是早年间的存货。该物品的来源，还和祖母、张奶奶那些佛事活动有关联。

这东西怎么用呢？把它上来之后，有的人会把盖碗的盖掀开，捏上一粒儿，把它放在茶里，再盖上盖闷会儿再喝。也有的人把它直接放在口中含着。看着他们这种举动，我还真佩服他们。这东西有什么好哇？我也曾把它放在嘴里头过，那个味儿我还真是不敢恭维。它没什么好味，还干巴呲咧，又黑又硬。我还真纳了闷儿，这不就是西藏产的青果晾干的吗？可它怎么这味呀！还把它搁在嘴里，吃什么吃。把它泡在茶里，不但增添不了美感，还把那点原有的茶味给遮（读音同"者"）了，整碗茶不伦不类，有股子说不出来的怪味儿。

可是您可记住了，这番高论可千万别让张奶奶听见，要不然，这个娄子可又算捅下来了。您听吧，她老人家的话匣子又开开了。什么这东西又是佛门圣果了，什么这些个存货又是在什么地方谁给的吧，什么居士怎么稀罕这个玩意儿了……这么一档子，那么一档子，讲起来一套一套的。讲这些话的时候还满脸虔诚，似乎叙述着一段非常重要的往事。

张奶奶这个居士可真没白当。这身儿里的事儿，还真门儿清。甭管什么事儿，只要是跟这段沾点边，那必定是说得头头是道，口若悬河，滔滔不绝，没完没了。

我也别让她老人家不高兴，"嗯""啊""就是"，不就得了？左不就是（北京话，不就是）这个耳朵听，那个耳朵冒，还别由着性儿地乱插嘴，兴许还能早点儿数落完了。也正因为这样，这里头到底是怎么回事，我一直没闹清楚过。

以下可入果碟的茶果可就花哨了。像南糖类的花生糖、芝麻糖；像零嘴类的花生粘、核桃粘；果脯蜜饯类的金丝蜜枣、蜜饯海棠和橘饼（金橘制作的）；干果类的柿饼，这当然是耿饼方能入选；还有玫瑰枣、山楂糕丁儿，冰糖核桃仁儿——这是可以在东安市场十字街果摊上买到的——用制作冰糖葫芦的方法制作的带牙签的核桃仁儿，还有炸茨菰片儿。鲜果，像生荸荠去皮的荸荠果、削皮去核切丁的苹果和同样切丁的鸭梨。就是这鸭梨丁，可就有个意思了。食果中吃梨还要来一个整个儿的，怕犯了忌，这切成丁的，得多少人分而食之？这倒不犯忌了。

其实所谓各式各样的讲究，因人而异。像在我家这样的家庭里，对这些讲究实际上是很淡漠的。如若不是这样，下面我所讲的年下吃食您就更不可思议了。

年下的待客吃食中还有三种每年都要做的东西，就是"核桃酪"、"莲子羹"和"枣栗汤"。这三样都是张奶奶和玉爷通力合作所制成的。

核桃酪是用去皮核桃、去皮去核的枣用石磨磨成浆，加糖熬制而成的。莲子羹则和莲子粥极为相似，只是要以莲子为主体，只加少量米——这点米只起一个黏糊的作用——加糖熬出来的。这枣栗汤是用枣、栗子、桂圆肉一块加糖煮出来的。这款食品实则是旧时北京婚娶习俗中新妇食用的一种吃食，寓意"早立贵子"。把这种东西算作年下待客的一种美味的食品，在讲老礼的家庭中是不可想象的。

您想这么多东西都要准备，那得买多少趟费多少劲哪。

榅桲拌黄芽白

上文说到多预备鸭梨做菜用，做的这个菜是一款凉菜，用的是鸭梨丝、白菜丝，用榅桲一拌，那真是好吃至极。

这个菜要做起来很容易：把白菜切去根，竖着用刀直往下切，注意可不是一切下去剖成两片，而是刀刃直下临近菜心时就撤刀了。顺着刀口儿把切开的菜叶子往两边一掰，把白菜的嫩心给剥出来。到了这步可就别过水洗了，把它放在一个干净盘子里备用。再取三五个上好的大鸭梨，洗干净之后去皮去核，用熟食板、熟食刀切成细丝儿。把白菜心也用熟食板、熟食刀改刀切成细丝放在一个瓷盆里头。把榅桲倒在上面，一拌，这个菜就齐了。

您别瞧这个菜制作方便，买材料的时候可还得费点劲。鸭梨好买，就甭说它了。这榅桲是一种比山里红小的果子，味酸且香，而山里红和它的酸味是一样的，但不具备它的那股香味。山里红可以制成炒红果，榅桲如法炮制也可以制成炒榅桲，但是卖这种炒榅桲的地方，其品名可没有这个"炒"字，它的品名就叫"榅桲"。当时在北京旧东安市场内十字街果摊可以轻易买到这种东西，自己带着盛放它的"家伙"，如果没带"家伙"也绝无问题，凡是卖炒红果和榅桲的货摊都备有带盖的瓶子。您买多少都可以盛在瓶子里，准能带走，不必为没带家伙担忧。

榅桲比炒红果好吃，好吃在哪儿呢？炒红果用的山里红，果皮薄，果肉又暄又面，如果拿一个山里红用手把它捏开，您就显而易见地发现它这个特点。而榅桲不然，它果皮较厚，虽然果皮之内的果肉也有的是又暄又面的，但是如果把它捏开，把籽挤出来之后，它还是一个裂开口子的整体。把它们分别用糖炒制之后，炒红果的果皮往往有脱落的地方，口感也不像榅桲有嚼劲。换言之，把一枚炒红果放在嘴里，软软乎乎的，入口即化了；而把一枚榅桲放在口中，把里面的汁水嘬出之后，其果皮还得嚼一嚼方可咽下。也正是这点，它比炒红果好吃。

这榅桲现在没的卖了，当时可不是难买之物。那还有什么费劲的？您可能想不到，这点劲就费在白菜上。

做这款菜所用的白菜可不是扒拉脑袋就算一个的，它必得用一种叫作黄芽白的白菜。据有人说这种白菜产于天津武清一带。具体是不是，我没考证过。我只听当年在北京外贸部门工作过的一个朋友说，这种白菜当年出口香港的规格是每百斤八十八棵为一件，装在竹筐里，多一棵不可，少一棵不行。这种白菜运到香港，可不是在菜摊上卖的，要买它得上果摊。还不是陈货于货架之上，而是用红绸子条拦腰一捆，吊在门首显眼的地方，以示我有此货，您来不来一棵？至于这段的真伪我也未曾考证过。但是有一点我可以断言，就是当年这种叫作黄芽白的白菜其口感上乘，绝对属于水果型蔬菜。

如果不用它而用其他品种的白菜制作此款菜，不是不可以，但成菜品质优劣相差甚远。所以笼统说起榅桲拌白菜，不过是一句空话，个中细节又有谁会知道呢？

"吃主儿"讲究不糟践东西

有的时候，张奶奶还特别告诉玉爷，让他带回来某种东西，像一斤木耳或是一斤芥末等等，那是因为张奶奶查看过存放在柜子里的那些个作料，哪样少了，需要补齐了。葱、姜、蒜、干辣椒是不用买的，厨房门外头挂着成辫子的大蒜和一长串红辣椒，过道里戳着整捆整捆的葱。这葱不多预备不行，父亲在冬天最爱做的一个菜叫作"海米烧大葱"。

我在大约上小学一二年级的时候，父亲已回北京几年了，母亲也早已痊愈，他们都在海淀学院路的一个机关上班，平时住宿舍，只有星期日、节假日回城里住。寒假里我除了每天去祖父房里问一问安，就泡在厨房里和玉爷、张奶奶在一起。

我和玉爷天天出门采购，张奶奶在家里忙这个忙那个。

海米烧大葱

海米烧大葱做法倒是十分简单，就是用绍酒泡海米，碗里酒要多一些，使海米泡开后，绍酒还有剩余，再加酱油、盐、糖各少许。用粗棵的大葱十根，去根并多剥几层外皮，只留葱白部分，切成二寸多长的段，每棵葱只用下端粗的两三段，其余部分另做别用。锅坐火上，倒素油，微火温油，逐段炸葱，炸得发黄变软即可，不可炸煳，捞出控油后，用筷子夹到盘中码好。等葱全部炸好之后，用空锅放置火上，把整盘葱推入锅中，再倒入那碗泡好海米的作料，收汤后端锅离火盛盘。

姜也不用买。在厨房地下有一个破了口儿的大紫砂花盆，里面装满了沙土，姜就种在里面。这一个大花盆，种的姜何止是十几块？张奶奶、玉爷和我还时时给它浇点水。姜从沙土里拱出芽儿来，接着往上长长出了绿叶，那尖尖的叶片有点像竹叶。

肉皮冻和豆酱

年根儿底下，按北京的习俗照例要做不少年菜，其中就有"肉皮冻"和"豆酱"。这两款菜都是凉菜。

做这两个菜又都离不开猪肉皮。这肉皮是不用去买的，家里早存下不少了。"吃主儿"，讲究不糟践东西，每天做饭时若有蹾下来的肉皮，剔下来的骨头，剁下来的鸡爪子、鸭翅尖，剥出来的鸡鸭内金，吃西瓜、南瓜留下的西瓜子、南瓜子以及剥下来的橘子皮都没有一扔了事的习惯。一定是想方设法把它用上，一时用不上的，也要妥善保存起来，以备不时之需。

这不是，猪肉皮用上了吧。这是不少日子攒出来的干肉皮，用温和水泡泡，让它回软。把肉皮反着放在砧板上，把肉皮内面上的脂油用刀"挺"下去。

这还不算完，张奶奶又拿起镊子，把肉皮翻过个儿来，用镊子把它上面残留的猪毛全拔下去，毛要长倒好拔，就怕肉皮上的猪毛成了毛茬，有的毛茬还在皮表之下，最难拔。每次干这个活儿时，张奶奶都要戴上花镜一根根地往下拔，这可是个细心的活儿，讲究要全给它拔干净了，一根也不能留。可是有我呢，我也拿一把镊子，也甭戴眼镜，瞧得真真儿的，一会儿拔下一根，一会儿拔下一根，不大工夫，我们就把肉皮归置好了。

等到这步做完了，这俩菜可就好做多了。先把肉皮用水焯一下，取出来备用，要做肉皮冻，就用一个锅，加水再加入葱段、姜片儿和一个包好的花椒、大料的料包煮煮，再把焯好的肉皮稍稍改改刀，不能有过大、过长的，下到汤里一块煮，先旺火煮，将开锅，撇撇浮沫儿，改微火，煮到肉皮熟软的程度，用筷子把里面的葱、姜、料包夹出来弃之。再加酱油、盐、绍酒煮十五分钟，离火倒在盆里头。晾凉了凝成冻，吃的时候切块。

要是做豆酱，和上面做法大同小异。也是先把肉皮用沸水焯一下，事先把黄豆泡三四个小时，煮黄豆时要把它煮到既熟又保持脆感，不能煮得烂熟。胡萝卜洗净去皮切成小丁，白豆腐干也切成细小丁，再切点水疙瘩丁。

下一步也是锅中加水，加姜片儿、葱段和花椒、大料缝好的料包煮一煮，再把焯过的肉皮放在里头煮，撇完浮沫儿，改小火，煮到熟软程度，把姜片儿、葱段、料包夹出弃之，把肉皮也捞出来改刀切成小丁后倒回锅中，把胡萝卜丁、水疙瘩丁、豆腐干丁以及煮好的黄豆都倒入锅中，加酱油、盐、绍酒，再用微火煮十五分钟，即可离火盛盆了。

以上两款菜的做法基本相同，讲究做出来肉冻暄软，清凉滑嫩。要想达到这个标准，注意两点，其一是煮肉皮时不能长时间用旺火煮，这样煮出的汤既不易凝冻，又混浊不亮。其二是肉皮不能太少，否则它也凝不成冻。

现在某些餐馆，特别是一些高档餐馆，也有这两款菜肴，但是做这两款菜的意图似乎是说明本馆还会制作老北京的凉菜。出于上档次的追求，对原做法的选料以及制作方法加以"改良"，认为如果用大量肉皮入馔似乎不雅，煮制之时，只用少量肉皮而添加琼脂，或是全部用琼脂取代。做出的这两款菜，看着漂亮，又上档次，殊不知，这么做可就犯了治馔的大忌了，舍本求末，做出来的东西，倒是美观有加，可是食在口中，感觉已不是肉皮冻了，而是一咬就在口中打滚的牛筋了。

如果细心品视这两款菜，无非都是用下脚料制作的普遍家常菜肴，物尽其用，不糟践东西。再者了，用什么样的原料制作什么样的东西，是烹饪的根本，不就是要把这些个肉皮给用上，做点肉皮冻和豆酱吗，做出来能达到暄软滑嫩就行了，何必再画蛇添足呢？

炸茨菰片儿

每年到了这种日子口儿，家里都要做炸茨菰片儿。

茨菰也洗干净了，正准备切。玉爷坐在桌子旁边刚喝完茶，他一会儿还要去上房添火去。我目送着玉爷出了厨房，拐弯到院子里，等他的背影从我眼前消失的时候，我拉开了抽屉，要拿一把果皮刀。

茨菰是一种水生蔬菜，生在南方。用茨菰炖肉是一种很普通的家常菜。在北京，也有茨菰，但是用它做菜却不十分普遍。

那是因为旧时北京的正规四合院里，都讲究有点"景儿"，往往在院子当间儿种有石榴树，设个葡萄架，还摆个金鱼缸什么的。往往在金鱼缸的旁边，还种点盆栽的水草，像什么二尺来高的短株菖蒲之类，春、夏、秋三季常绿，也就是给它浇足了水就不用管它了。这也是个景儿呀。不过，冬天翻盆可是个麻烦事。

这常年盆栽绿景里栽种最简单的莫过于茨菰了。用一个小瓦缸，底下垫上点土，弄几个茨菰，芽冲上，按在土里头，上面再撒上点儿土把它盖上，缸里放足了水，春天放在太阳底下一晒，十来天，它就拱出芽来了。到了夏天，它长长的叶柄、犁头形状的叶片，绿绿地浮在水面上，和旁边的菖蒲、浮莲、金鱼缸遥相呼应。早晨起来上这方寸之地溜达一圈儿，眼睛别往别处看，就集中在这块地方，还当是到了江南水乡了哪。

到了深秋，把缸里的水淘出去，再把缸里的湿泥和其中的茨菰都扣出去，堆在一个不碍事的地方，几天以后，泥干了，把茨菰从里头扒拉出来，用一个小花盆，搁点干土垫底，把茨菰放在里头，搁在屋里什么桌子底下、床底下碰不着的地方。来年开春之后，再把它种上就行了。

就因为这个原因，北京真正用茨菰做菜的并不多见。还有另外一个原因，就是茨菰这个东西，无论大小，食用时都有一点麻口的感觉。可是南方人认为，这个东西好吃就好吃在这有点麻口的感觉上。而北京人不但不认同，还嘲讽南方人不会吃东西。可是我认为这么说也不太公平。您别忘了，咱北京人爱喝的豆汁，您追求的是什么口味？对了，麻豆腐还没买呢，回待会儿，再跟玉爷出门端豆汁买麻豆腐去。

现在趁着玉爷不在厨房，我赶紧拿刀去。玉爷老怕我切着手，不让我拿刀。其实怎么会呢，不就是把果皮刀吗？可是我刚把刀抄起来，又让张奶奶瞧见了："这是怎么话说的，快搁下，这大年下的。"北京人就是瞎讲究，这过年和拿刀有什么关系？再说了，您不是也拿着刀吗？张奶奶太明白我的意思了，她说你也甭用那把刀切，切出来不薄也没法炸。

炸茨菰片儿，这个不能算是一种菜肴，只是一种时令小吃。可是一般的人家儿也没有这么吃的，这种习俗只是在当时念佛的居士范围内流行。当年祖母和张奶奶是在什么场合，是和什么人学会的这种小吃的做法，就不得而知了。

它的做法、用料很简单，可是要想做好也有一定的难度，具体做法是这样的：把茨菰洗干净后，芽朝上放在砧板上，用刀竖直把它切成飞薄的薄片儿。切好之后，要把茨菰片儿一片儿一片儿平码在大瓷盘子里晾个把小时，使朝上那面晾干，再逐片儿翻个儿晾另一面，又是个把小时之后，两面全晾干了。

锅置火上，用一半素油、一半香油，油量要大，油温不要太高，宽油炸制。这炸可是个功夫，要求手疾眼快，动作麻利，否则前功尽弃。把茨菰片儿下到锅里，虽然不能说跟影儿把它捞出去，也是在片刻之间就要捞出，把它放在事先预备好的大瓷盘子里。在锅里时间稍长，就炸大发了，虽然也能吃，但它颜色偏深，口感也偏苦，最重要的是它已没有那股特有的清香了。

这个炸制的技巧在于，看见锅中的茨菰片儿稍稍变黄便要捞出，在捞到漏勺中以及放入盘中之后，实际上它还在继续加热。如果在锅里它已经炸得恰到好处了，再捞肯定会太晚了。

至于切片儿，需要有一定的刀工。张奶奶不让我用果皮刀切，自有她的道理。如果切的片儿偏厚，或薄厚不一，炸的时候，火候就无法把握了。

茨菰片儿炸出之后，还不能趁热吃，一定要把它晾凉了，凉透了才能食用。那时的茨菰片儿酥脆可口，入口即化，还有一股诱人的清香，您上哪儿还能找到这样的美味？

表面看来，炸茨菰片儿和炸土豆片儿颇为相似，可实际上它们却有天壤之别。不客气地说，就口感而言，根本不可同日而语。

炒素菜丝

"炒素菜丝"是真正的居士菜。这个菜的选料无一不是寻常之物，可是把它们配在一起，不知道为什么，会有那么好的效果，真是不可思议。

这个菜是用十种原料切丝，再加上姜丝，用香油加素油炒制的。

这十种原料分别是水发香菇、芹菜、冬笋、粉丝、香干、水发黄花儿、水发木耳、胡萝卜、菠菜和酱疙瘩。其中酱疙瘩用量最少，要用多了，成菜太咸；菠菜用量最多，因为它还起着调和群菜的作用。其余八种全为等份。

具体做法：水发香菇去蒂，把香菇顶面贴在砧板上，用左手食指、中指、无名指把香菇按在砧板上，右手用刀横着向左把香菇片成两三个圆片儿，再切成细丝。这样切比直接切可细多了。但是这个刀工您要是初学者还真得注意。

我学这个片香菇时，张奶奶告诉过我，这个窍门在于，你左手按得越紧，越不容易切在手上。因为那刀是从你手按之处与砧板之间入刀，你按得紧，刀刃不会滑动，能顺利地从手与砧板之间的香菇上片进去。刀面持平，使刀平面与砧板和三个手指按的那个平面成为三个平行的面。刀深入后，你的手指会感觉到刀的平面从你按的地方的下面经过，这不就把香菇片成两片儿了吗？如果怕切着手，松松按着香菇，入刀时，水发的香菇也有一定的韧性，入刀轻了，切不进去，稍一用力、刀刃向上一滑不就切着手了吗？与其如此，也甭片了，还不如就切成粗丝，倒安全哪，大年下的。

芹菜择去老梗，只用菜心部分。从两头撕去菜筋、透透洗干净，去掉菜叶及上半截长着叶的叶柄，只取下半截。先在砧板上斜着切成较长的斜片儿，再把它改切成细丝。芹菜本来就细，直接切丝又偏粗，切完之后，改刀是必要的。您做一般的炒芹菜就不必改刀了，可这个菜要的就是细丝，您还别破了这个规矩。

冬笋剥去外皮，去根，竖直剖两片。坐蒸锅，水沸后，把冬笋放在盘子里，再放入蒸笼，旺火蒸五分钟，掀盖端出，晾凉后切细丝。这冬笋丝就好切多了，逐块扣在砧板上，先竖着切成薄片儿，再切成细丝即可。

细粉丝就更好办了。用热水焯后，切几刀即可。香干也叫熏干，是豆腐干的一种，长方形的块状，先竖着切成薄片儿，再切成细丝。水发黄花儿，去蒂，再顺着切成细丝。水发木耳，洗净择好，切细丝。胡萝卜洗净去皮切细丝。酱疙瘩也要洗干净后切细丝。菠菜洗干净，去根，去老叶，切细丝。生姜去皮切细丝，只用少许，是作为作料使用。

本菜不用葱，此点一定要注意！

用大炒锅置放火上，倒油也是一半香油，一半素油。这个菜用油也得量大。油热之后，先下姜丝和胡萝卜丝，把胡萝卜煸到半熟时，加入除菠菜丝外的所有丝，加盐、糖、绍酒，煸炒一会儿之后再下菠菜丝。菠菜入锅之后随着锅内温度的升高就要出汤，而这汤汁正好调和群菜。因为除菠菜外，诸丝众多，而出汤的东西又甚少，就要用它补充汤汁。如果下了菠菜汤汁还偏少，要再加一些菠菜，使汤汁充足，这就是多准备一些菠菜的原因了。另外本菜之中有酱疙瘩丝，这是一种咸菜，加盐之时要把这个因素考虑进去，否则成菜就会咸了。炒这个菜到了下菠菜这一步就快完成了。最后加些味精即可出锅盛盘。确切地说还不能说是盛盘，因为原料甚多盘子里是装不下的，无非也是找个合适的容器盛放。

这可不是趁热食用的菜，要把它晾凉，盖上一个洁净的盘子，放入门外大缸底下那天然的冰箱里，食用时小心取出，用干净筷子随吃随取，吃上十天八天绝无问题。

煮芋头

芋头是制作一种甜品的原料。它也没个正式的名字，原先就把它叫"煮芋头"。实际的做法是先蒸后煮。

买的芋头还不是荔浦芋头，就是那种芋头仔。玉爷带我买的时候，挑的都是偏圆小个儿的，稍长一点的都不要。玉爷说你别瞧它小，蒸出来爱烂。长的那个蒸出来前头软，后半截硬。我还真不信，非要买几个差样的回去试试，玉爷也说服不了我，顺水推舟说，试试也好，要试就多买几样。这不是连芋母子都买回来了。所谓芋母子就是老芋头，起码上二年生的芋头，芋仔则长在芋母子上的。这芋母子的皮显粗糙，个头儿比芋仔大且圆。

买回来之后洗干净一蒸，这回我还真开了眼了。其实我也知道玉爷说得不会错，可是干什么事也得自己试试呀。这芋母子还真硬，剥了皮里头的肉发藕荷色，一咬，干瓢的，有点噎得慌，里头还有硬块，得挑出去。长点的芋头，顶端确实软，可它下半部分也有点干瓢，只是颜色是白的微微有点发黄。还是玉爷说的那种是精品。

把芋头皮一剥，再把它放在砂蓝子里加上水，加黑糖一煮，开锅后撇去浮沫儿，改小火煮十来分钟，使汤水黏腻，再调上点糖桂花就可以端锅了。

这东西可别吃凉的，要是吃凉的，倒是清凉可口，待会儿可就麻烦了，它坨在心里还醋心、泛酸水，多难受呀。凡是黏东西尽量是少吃凉的，就是那扒糕、切糕、艾窝窝都是凉吃的东西，可是多吃也消化不了。

辣菜

蔓菁和卞萝卜是做"辣菜"的原料。把这两样洗干净了，蔓菁切片儿、卞萝卜擦丝。预备一个坛子，彻底刷洗干净之后，备用。

锅里坐水，沸后把蔓菁煮在里头，煮熟至软，捞在坛子里，把煮的水稍稍晾凉再倒入坛子中，以浸过蔓菁片儿为度，再把擦好的卜萝卜丝撒在其上，要全部把蔓菁片儿罩上。加盖封严，放在阴凉处，三四天即可食用。

这东西以前在北京是极为普通的年菜，清凉爽口，通窍败火。老北京人对这个东西可谓是家喻户晓，没有不知道的。可是它的制作这么简单，现在怎么就没有卖的呢？

麻豆腐

至于豆汁，也是我不爱提起的话题之一。我之所以不爱提它，倒不是因为我小时候不爱喝它，而是太喜欢豆汁了，爱喝它到了痴迷的程度。

小时候，每天我和玉爷都要拿着锅去东四端豆汁去，用一个铝锅一端就是六碗至八碗，再买点麻豆腐，咸菜白饶，弄一包带回来，喝去吧！上中学以后，会骑车了，无论是隆福寺后殿、护国寺、天桥、前门外、东直门，无论寒暑，走到哪儿，渴了，除了喝汽水，就是喝豆汁，一喝就是三四碗，毛来钱的事，咸菜白饶，我也对得起它，头两碗根本不就一根咸菜，从第三碗开始才来那么几根。真爱喝豆汁的主儿，就不就咸菜也一样喝。

七十年代，东直门豆汁厂修缮厂房，一时买不到麻豆腐，我和父亲各骑一辆自行车，带着四个白铁桶，买回来四大桶生豆汁，回家自己淋（读音同"吝"）麻豆腐。这件事，多少年来在亲朋好友之中成为笑谈。

我们在蜂窝煤炉子上坐一个大铝锅，把豆汁倒在大铝锅里，用大块的医用纱布两三层，四角各系上一根行李绳，有的系在墙上的大钉子上，有的捆在屋里的柱子上，下面用一个空桶接着，用长柄大勺把炉子上将沸的豆汁表面的浮沫儿抓到纱布上，清水从布底下滴入空桶里。熬完一桶，再熬另一桶，全部熬完之后，纱布里的就是我们淋出来的"麻豆腐"。

父亲制作"炒麻豆腐"是和张奶奶学的。张奶奶炒麻豆腐用的油并不是羊尾油，而是用素油。炒的时候要炒两遍，第一遍炒前在锅中倒一些素油，把麻豆腐倒在锅里，同时加姜片儿、葱段。先放的那点油是因为怕巴底，翻炒几下后，再用勺子抓着素油从锅边转着往锅里倒油，使锅里的麻豆腐不至于粘在锅帮上。翻炒时加盐、酱油，为它入味。然后盛出来，把锅刷干净，重新置火上烧热后倒油，油热后再把麻豆腐倒入锅中，翻炒后加大量热水，使水没过麻豆腐，随时用锅铲抄底，防止巴底。随着锅内热度的升高，加的水开了锅，锅里的麻豆腐上面泛着无数的小水泡，正和老北京人对于炒麻豆腐炒法的一句话："炒麻豆腐——大咕嘟。"而使水入在麻豆腐里这一烹饪程序，老北京人对它还有一个专用名词，叫作"糗"。在这个过程中一定要不停顿地用锅铲抄底来回翻炒，不能让它巴在锅底和锅壁上，直至使加的水完全和麻豆腐成为一体时，才可以端锅离火盛盘。这还不算完，用锅铲在盘里的麻豆腐的正当间儿按一个凹坑，另用一个锅置放火上，倒上油，油热之后扔到锅里两三个干红辣椒，把它透炸成黑炭，再把它连油倒在麻豆腐上。这才算彻底完成这个菜。做这一步时，炸辣椒的油烟子非常呛人，可是做这个美味，付出点代价也心甘情愿。

值得说明的是，用的辣椒必须是产于北京的用长尖椒晒制的红干辣椒，而不能用其他任何种类的辣椒，无论是四川的朝天椒、湖南的红辣椒，还是广西、云南产的辣椒。这些辣椒品质再高也不能用，别因为这点不同的辣味破坏了整体的口感，北京风味菜肴还是用北京特产的作料为好。

父亲后来自己制作的炒麻豆腐，还要在炒制的时候加一些肥猪肉丁，那是他觉得这样炒好吃一些。至于其他的人家有用羊尾油炒制的，有用羊肥油炼油炒制的，有加青豆的，有加肉末儿的，但是只要用的原料都是正宗的生麻豆腐，炒制方法也得当，都能炒制出各人喜爱口味的北京名吃炒麻豆腐。

但是近七八年来，尽管北京市场上有各种麻豆腐，无论是在超市，在菜市，在农贸市场，在豆汁专卖店，所供应的麻豆腐以及豆汁都和以前我们吃的麻豆腐、喝的豆汁不是一个味儿了。任凭您炒麻豆腐的技术再高，也休想做出当年的口味了。

豆汁和麻豆腐不就是用绿豆制的淀粉或粉丝的下脚料和副产品吗？是豆子出了问题，还是工艺出了问题？问题到底出在哪里，就不得而知了。我自己揣摸着现在的豆汁似乎比以前的稠了，似乎它勾了芡了，浓度高了，特有的味都没了。麻豆腐的问题则更加明显了，无论是外观、颜色、气味，都和以前的有较大的区别。我几乎不认为它就是麻豆腐。

有这么多年历史的风味食品，怎么说没就没了呢？我无法理解。

可还别说，不久前又有朋友给我们送来一桶豆汁和两包麻豆腐。一看，还真是像那么回事儿。把它熬了，随熬随搅和，随用汤匙把浮在上面的浮沫儿按下去，直至开锅。也顾不上烫了，小匙都用上了，扐上小半勺，吹吹，凉了点，嘬上一小口，还真有点以前的味儿，就凭这点儿味儿，可就念万幸了，总算没绝不是。

什么馆子也没这么做的

羊下水是制作"羊肚儿汤"的主料。

张奶奶做的羊肚儿汤中不但有羊肚子，还有羊肺头和羊心，那么叫它羊杂碎汤行不行呢？那不成，因为这个汤里没有羊肝。羊肝和猪肝不同，那是因为羊肝气味浓郁，如果把它也放在这个汤里，它的味道会压盖过其他各种东西的，叫它羊肝汤才更加合适。

制作任何菜肴都不能顾此失彼，而且本菜味道鲜美就鲜美在羊肚子上，添加羊肺头和羊心只是增加它的嚼头，在口感上不起主导作用。

选羊肚儿

北京人讲究吃羊肚儿，其历史非常悠久，而且讲究甚多。首先选用的羊肚儿必须是用冬季加喂酒糟、豆皮、麻酱渣、白薯秧子等饲料的羊宰杀后的羊肚儿。这个倒不是难事，北京在冬天卖的肥羊都是这种羊。甭说这个菜，做什么菜也不能不选肥羊呀。

而另外一个要求，就是我家现在不能制作这个菜的原因了，这个要求就是一定要用鲜肚儿。现在在信誉好的商店买羊肚子不是难事，但是买没冻过的没有。如果是冻过的羊肚儿，无论它保鲜多好，再回暖把它化开，要想把羊肚子上头那层黑灰色或黄色的皮弄下去，就不可能了。老北京人管牛、羊肚子上这层皮叫"草芽儿"，或叫"草芽子"，您看这逗不逗。北京人叫"草芽儿"的东西还不止一样儿，河螃蟹蒸熟了把壳掀开，腹甲上的两排眉毛状的像腮的东西，北京人也把它叫"草芽儿"。

老北京人把羊的肺叫"肺头"，为此我问过张奶奶，为什么把肺叫"肺头"？据她告诉我，肺头说的是肺的前头，它后面是肺管子，又硬又不好吃，肺的前头软软乎乎的，煮出来也香呀。"那羊心为什么不叫羊心头？"我又问张奶奶，没想到一句话倒把她给问住了。张奶奶想了想这样给我解释："说这东西叫什么名儿，也是那当儿，听老人教给的，多少年了，都这么叫。"

洗羊肚儿

那时买的鲜羊肚儿去掉"草芽儿"是不难的，但是在这之前要先把它清洗干净。

买来时肚子是里层朝外的，那是卖羊肚儿的人把它胃里没消化的食物残渣翻出去的结果，可是它的洁净程度距离能制作还差远了。

洗羊肚儿是个费工的活儿，而且是欲速则不达，最忌讳的是来回翻，这样，脏水会从割下肚子时的刀口儿渗入肚子中，这样煮出来的羊肚子有臭味，同时胃中的污物还在来回翻时沾在肚子的另一面上，增加了清洗的难度。

那到底要怎么洗呢?

用一个大点的盆，倒上点食用碱，用热水一浇化成碱水，再往盆里倒凉水，使水稍温偏凉。用另一个空盆把羊肚儿放在里头，一点一点移到水盆里清洗，洗一块让它干净一块。水浑了，该换水就马上换水。俗话说"磨刀不误砍柴工"，这么洗表面上麻烦些，可是洗出来效果好。要是一会儿洗这头儿，一会儿洗那头儿，没洗着的地方马上又弄脏了干净的地方，简直是白费劲。等全部用淡碱水洗一遍后——当然了这其中已换了不少盆水了，再用淡碱水清洗一遍。这遍和上遍洗法稍有不同，主要检查有没有漏洗的地方。

按北京人的叫法，整羊肚儿还分六个部分，分别是肚领儿、肚板儿、肚葫芦儿、散丹、肚蘑菇、食信儿。在这其中最好洗的部分就是食信儿，它实际上就是食管。比较好洗的是肚领儿和肚板儿，它还比较平。那几样儿就不甚好洗了，最难洗的就是散丹。羊肚儿比牛肚儿个儿小，牛散丹，洗着就够费劲的，羊散丹小，又一层一层的，万一漏洗一层，那不麻烦了？而且洗的时候又不能把它撕扯破了，就更增加了清洗的难度。

仔细洗好之后，这个肚子基本干净了，而且肚子上的黏液也基本清洗下去了。羊肚子就是羊的胃，胃的内面存在黏的胃液，是属酸性的。用淡碱水清洗的意思就是要达到酸碱中和的目的。但是用碱水清洗两次之后，又恐怕碱用得多了，所以第三遍还要用醋加在水里再洗一遍。所谓酸碱中和无非是人们的一种设想而已，羊肚子里原本有多少胃液、它的胃酸含量到底有多少、用多少碱可以中和？再用醋，能不能再把留在肚子上的碱水中和掉？实际上都不得而知，但是有一点，是可以知道的，那就是用这样的方法清洗羊肚子，可以把它洗干净。当然，要真正把羊肚子洗干净了，还要用清水再洗几和。

您想想，这加一块儿洗了几遍了？洗羊肚子容易吗？为了吃这口儿，得费多大的劲呀。又换了一回水后，羊肚子终于洗干净了。

至于羊心、羊肺，相对而言好洗多了。

等把这三样都洗好之后，就要给羊肚子去黑皮（也就是"草芽子"）了。用一个大锅放满了清水，坐在火上烧沸，端锅离火。用水舀子舀上一舀子凉水，倒到开水锅中多半舀子，随即把羊肚子按在这个锅里头。用长筷子把肚子按下水中，并用筷子挑着它在里头翻翻个儿，使它的表面尽量沾着热水。

这步是个关键，如若没有那舀子凉水，"草芽儿"可就剥不下来了。羊肚子上那层"草芽儿"经开水一烫就固定在肚子上了，即使用刀也休想把它刮下来了。有的菜谱上，介绍这一步操作时，强调用八成开的水，我这人悟性太低，无法理解这八成热是多热。幸亏有玉爷和张奶奶告诉我给羊肚子去"草芽儿"就用一大锅滚开的水再对上一舀子凉水。这是多么明确的表达方式，我认为它比八成开的热水好理解多了。

这时预备一个盆，两手各持一副筷子，把羊肚子从热水锅里连架带抬弄出来，就和着那个盆，把它弄到盆里头。羊肚子被架出来之后，腾发着白色的雾气。当时可是冬天，厨房里有火，不至于冷，但是刚才洗羊肚子那半天，手被凉水"扎"得有点拘挛儿了。用手一接触到那热乎乎的羊肚子，那滋味很难形容，久凉触热，手又麻又痒，又似乎伸到了温暖柔软的热被窝儿里头，甭提多舒服了。

您可别享受舒服的感觉了，赶紧搓吧，那层"草芽儿"一搓就掉，尤其是肚领儿、肚板儿上头的那层皮，搓开了，再一揪能撕下很大的一片。而肚葫芦儿、肚蘑菇、散丹本来都处于肚子的肚板儿、肚领儿包裹之中，有的地方着了热水，有的地方没着热水，倒不好往下剥皮儿。趁着水还有热度，要把它们翻开，使它接触到热水。但是一会儿工夫，盆里的水就偏凉了。那时索性把它从盆里提溜出来，放在砧板上，把还能搓下"草芽儿"的地方尽量全搓下来。再过一会儿整个儿肚子全凉了，没搓净的地方也搓不下来了，就是刚才好搓的部位，由于温度降低了，也不容易再把它连揪带撕弄下来了。您看，这整个儿羊肚子表面是斑斑驳驳的，这个您甭着急，还可以照样再来一回。只要是方法得当，反复操作绝无问题。

其中剥这层"草芽儿"最不容易弄干净的部位就是散丹，它又小，层又多，热水不能隔层烫，必须一层不落地把它翻开着热水，您说麻烦不麻烦。这个活儿一通干，手都被水泡白了。这是为什么许的？为吃这口儿，还真费劲。

羊肚儿汤

我们终于把羊肚儿归置好了。张奶奶把羊心和羊肺头不知什么时候也给归置好了，分别下锅煮。张奶奶以前特别强调过，说有的人家儿不懂，把这杂七杂八的东西一块儿下锅。可是每样煮的火候不一样，肺头先熟，羊肚儿后熟，这还不说，最重要的，一锅煮，您就吃杂碎汤吧，您可就吃不着羊肚儿汤了。

原来这里头也有讲究。原料是三样，先把它们分门别类煮出来，这是第一步。第二步才是煮"羊肚儿汤"。可这第二步的汤全部取用的是煮羊肚儿的汤。并不包含煮羊心和煮羊肺头的汤。

张奶奶进一步解释说，煮羊心和煮羊肺的汤腥气，煮完汤不要了。羊心里的血腥味、羊肺头里那腥气味全进到汤里去了，还要它干什么？不倒它又有什么用？最鲜美的汤是煮肚子的汤，那才叫好喝哪。这可是什么馆子也没这么做的。

张奶奶这一席话，我听不明白，张奶奶又掰开了揉碎了给我讲了半天。据张奶奶所说，饭馆里，除了个别馆子之外，很少有做羊肚儿汤的。那些个别的馆子卖的就是这一口儿，当然是精工细做。可是一般馆子做的是买卖，一天菜牌子上数十种菜，要是真做羊肚儿汤，不把其他买卖都耽误了？这是其一。再者，饭馆的菜牌子上写的"砂锅散丹"，是用点羊散丹洗干净剥去"草芽子"煮上，这点散丹煮出的汤能有什么好味？没法上桌呀。可是他有主意，往里头添加鸡汤，还能卖个好价钱。再者了，做菜加高汤那有什么错，那是在讲的，谁也不能说出什么来。可是它不好吃，它没有羊肚儿汤的鲜味儿。

牛、羊肚子煮后缩水甚多，我家制作这羊肚儿汤，用的可不是一只羊的下水，每次起码是两只羊的肚子，而羊心、羊肺头可能只用一只羊的，因为最后煮羊肚儿汤时，其中三种料是以羊肚儿为主，其他两种为辅。两副羊肚子煮出来，那是什么味。要不然老年间怎么有这么两句话："该上馆子吃的菜家里做不了，该在家里吃的菜馆子里做不了。"以前我就听张奶奶说过这句话，可是一直也是懵懵懂懂，因为我还真不知道什么菜在这个家里做不了。

煮那三种原料，煮的方法倒是一样，都是先改刀切块，凉水下锅，加葱段、姜片儿、绍酒，将沸撇浮沫儿，改小火，最后加点味精端锅离火。

把羊肚子从汤里捞出来放在一个容器里，再用漏勺把汤里的葱姜捞出来弃之，晾这盬子汤。冬天汤凉得快，一段时间后热气消下去了。这时预备另一个大汤盬子，洗干净了放在一边，把原盬子里的汤滗到那个盬子里去，把底渣弃之。肚子也晾得差不多了，再逐块把它放在砧板上，用手把它翻开以平滑、白色的那一面朝上，用刀把上面的油刮尽弃之，刮完的羊肚儿干净雪白。要吃这个汤时，把容器中存留的肚子汤扻入砂锅一部分，选几块煮好的羊肚儿，选一个羊心、一块羊肺头，切成细丝放入砂锅中放到火上加热，加上点择好切碎的香菜末儿，加盐、味精少许即可。其余的都冰上，随吃随煮，可食用十几天。

这个菜，我小时候特别爱吃，可是年长几岁以后，我觉得如果不加羊心和羊肺头似乎更好吃。又过了一段时间，认为如果用牛肚子取代羊肚子，虽然口感有了变化，但是汤中的牛肚子更有嚼头。终于有一天，张奶奶做了纯粹的“牛肚儿汤”，得到全家人的好评，大家赞不绝口。从那时开始，我家就很少再做羊肚儿汤了，也再没有买过羊心和羊肺头。这种吃法一直延续了几十年。

牛肚儿和羊肚儿挑选时还有不同，因为我们追求的是有嚼头的牛肚子，买的时候当挑选"草芽儿"发黑的大牛肚子，这样的牛肚儿肚壁偏厚，煮出来有嚼头。它的制作方法以及食用方法和羊肚儿完全一样。但是北京现在买不到高品质的鲜牛肚儿、鲜羊肚儿，这两个菜我们已久违不少年了。

我没学会做的菜肴

当年张奶奶做的美味食品中，现在我还真有不会做的，不但不会做，就是一点头绪都没有，这些菜又是我最爱吃的东西。当时怎么没去学学哪？这其实是事出有因，这些菜就是"卤猪心"和"卤牛肉"。

卤肉和酱肉

那时家里存着调制好了的卤汁。按北京人做卤货，卤汁分红、白两种。卤汁保存使用，使用的时间越长香味越浓，鲜味越醇。

家里的卤汁什么时候开始有的我不知道，它当初是如何调制的我也不知道，知道的只是这两种卤货非常好做，就是把要卤的东西归置好了，再用卤汁一煮就成了，然后把卤汁收起来，下次再用。

卤出来的东西要想醇香脆嫩，爽口不腻，重要的是火候的掌握，做出的成品讲究越嚼越香，这就是它和热炒的不同了。

无怪当时有人对热菜和冷荤做出以下的品评：热菜的香是通过热气使人闻到的香味，而冷荤的香，是入口后越嚼越香。所以旧时在烹饪中有句行话为"热菜气香，冷菜骨香"。

可是这种卤菜我是无法再做了，因为家里存的卤汁连同盛放卤汁的容器已在"文革"中失去，我真后悔当时没把卤汁的做法学到手，怎么就落（读音同"蜡"）空了呢。我也没法做"卤猪口条""卤牛口条""卤牛腱子"以及一切卤货了。

除此之外我也没学会制作"酱肘子""酱猪肝""酱猪蹄""酱牛腱子"……这倒不是卤汁的问题，主要是因为我总觉得酱着吃没有卤着吃好吃。既然有了那么多好的卤货，何必还要多费一回手酱这个、酱那个呀？

可是张奶奶觉得我的说法不对，她认为，过年的吃食就要样多，那才显出是过年，反正做多了也坏不了。那倒是，我家院子足足有大小五六个"冰箱"。除了大缸、小缸，还有一个大铁锅，两个中铁锅，能盛多少东西哪？

过年拜年的多，亲戚朋友这拨来那拨去，也真是透着热闹。张奶奶爱做就让她做去吧，反正我也不准备学那个酱肘子了。我这就得走和玉爷上街买山药去，张奶奶要做清蒸狮子头了。

北京清蒸狮子头

北京的"清蒸狮子头"和南方的做法不同，而这款菜在旧时的北京也是一款年菜。制作时用肥瘦猪肉，其中肥肉要用刀切成小细丁，而瘦肉则要剁成肉末儿。那时肉铺虽然也有卖绞肉的，但是家里从来没有买过。原因倒不是因为家里有绞肉机，最主要的原因是，张奶奶认为凡是做肉馅儿，包括制作狮子头、氽丸子、包子馅儿、饺子馅儿，都不能用绞肉，一定要自己剁。

您还别认为这是自找麻烦，绞出来的肉末儿和剁出来的肉末儿是不一样的。以前把要剁的肉放在砧板子上，用大号菜刀把它分成几块之后开剁。在剁制中，既可以把残留在肉上的脆骨挑出去，最主要的是随着肉越剁越细，肉里微小的筋膜就留在砧板上，用刀尖一挑，用手指把它的头捏起来，一条白色的筋膜就从砧板上提溜出去了，剁到最后，那一条条的白筋就全部挑完了。用绞肉机是做不到这一点的，筋也有可能被绞断，但它挑不出去，而往往是也绞不断，这两种肉末儿能说没区别吗？

北京做法的狮子头讲究先炸后蒸，做出来的狮子头讲究暄软、咸香。这里头有个矛盾，狮子头挺大的个儿，要在炸的时候散了，就甭往下做了；可是团得紧了，炸的时候虽不散，吃的时候不暄腾了，口感不好。其中把瘦肉剁成茸，为的是加上淀粉抱团儿，既暄又不散，肥肉切成小丁，是为了在炸制中受热增加暄软。光用这些还不成，还要添加山药，生山药多汁且黏，加到狮子头里既能抱团儿，又更加暄腾。

把肥肉丁儿切好，瘦肉剁成茸，山药再预备好了，制作就很简单了。具体做法是：生山药洗净去皮，用刀把它竖着剖成两片，扣在砧板上，用刀的平面把它拍成碎块，放在大碗中，再把切好的肥肉小细丁儿和瘦肉茸放在碗里的山药上，加盐、绍酒、酱油、干淀粉，用筷子顺着一个方向搅拌后备用。

炸锅置火上，倒油，用手把大丸子团上再蘸点干面粉入锅，温油炸，至两面焦黄且熟后，用漏勺捞出控油。大白菜洗净，切块，用油煸过，在大海碗里垫底，把狮子头放在白菜上，加点汤、盐、酱油、葱段、姜片儿、味精、绍酒，上笼蒸十五分钟，从笼中取出。

这个菜我做得不好，因为小时候，我不太喜欢吃这个菜。可是到了中年以后，又逐渐对这个菜感兴趣了。我按以前吃过的口味，试着仿制，可直到现在也没有找回当年的味儿。我真后悔当年没和张奶奶好好学。

干菠菜馅儿饺子（烩酸菜、炒菠菜梗）

与狮子头具有相似情况的还有"干菠菜馅儿饺子"。

以前北京菠菜的品种有两个，一种是"火焰儿"菠菜，也叫"火叶儿菠菜"，这种菠菜根红，叶绿，棵短，叶肉肥厚。冬天和初春是这种菠菜最好吃的时候。每棵菠菜都有黄色的嫩心，它外面的老叶，叶柄较长，外面的叶子又大又绿，老叶包着的是里面那一根根叶柄较短的绿叶，最中心是又短又嫩的一丛嫩黄的嫩叶。

择菜时，把最外面的老梗去掉，而它上面肥厚的叶子都可以保留，再去掉红根儿，就都可以选用了。前面说的那款炒素菜丝儿，用的菠菜就是这个品种的菠菜。

另一种菠菜叫作"伏地菠菜"，也叫"干菠菜"。这种菠菜为长棵的菠菜，冬天、早春没有这个品种，到了五月间这种菠菜上市了。嫩的时候可以制作芝麻酱拌菠菜，再长长点就可以用它制作"烩酸菠菜"。

把它买来洗干净后，用开水焯一下，随即捞出，用手把它里头的汤攥出去，放在砧板上，用刀切几刀把它断开。用一个碗，放点水淀粉，再倒点醋，加点盐。锅坐火上，倒点油，把菠菜下到锅里，加上姜片儿，加点水，水开后，把调好的汁往锅里一倒，汁里的淀粉在锅里成了芡汁。端锅离火，倒在大汤碗里头，就馒头、烙饼、米饭均可。

从某种角度说，它也算上一种时令菜肴，好做又吃着顺口儿。

当这种菠菜又长大了，长长了，北京人再买这个菜可以制作两种菜品，一种是"炒菠菜梗"。顺便说一句，这种菠菜在这个季节的价格极为低廉，现在我告诉您它在当时的价格，您一定不会相信，大捆的不过二分钱一捆，小捆的还用说吗？这个时候大街小巷哪儿哪儿都堆着要卖的一堆堆的菠菜捆，马路上大马车、手推车净看见从郊区往城里送来的菠菜。

这时的菠菜已经老了，叶子一般人都掐去不用，再把根去了，只留下菠菜梗，洗干净切成段，加点葱姜末儿一炒就是"炒菠菜梗"。梗还是相对脆嫩多了，拌饭吃也挺下饭的。再有就是用它做饺子。这种饺子，北京人管它叫"菠菜篓"，就是把菠菜择好了，去根儿，去老梗、老叶，用水一焯做的素馅儿饺子，蘸着醋吃。因为菠菜的价格极低，有的人一连几天都吃菠菜。北京人有人说话非常损，如知道某人天天吃菠菜，就跟他说这样的话："几天没见，您怎么都成了翡翠脑袋了！"言外之意，说您天天吃菠菜，脑袋都绿了。这不是找打架吗？

再过几天，菠菜又长高了，顶端就长菠菜籽了。这样的菠菜全株也没一处适合做各种菜肴，也没人用它包饺子了，因为它的全株没有一部分不老了。可是就在这个时候，有不少人家儿大量地把它买回家去，打开捆之后，把整棵的菠菜糙糙儿地一择，去掉烂叶、黄叶，再把整棵的菜洗干净，用大铁锅烧水，把它一焯，捞出来挂在院子里晾衣服的铁丝上。等菜干透了，再把它们摘下来，妥善收好。只需在多雨潮湿的夏天把干菜检查检查，别让它回潮霉变就可以了。

这就是"干菠菜"。一直到年根底下，再把它拿出来，制作饺子，这种饺子就是在当时北京享有盛名的"干菠菜馅儿饺子"。

这种饺子的馅儿除了干菠菜还有猪油，是用熟猪油拌的，干菜吃油，油少了干菜太柴，吃的时候寡得慌。而加上这么多的猪油，它非但不腻，而且好吃，也真够奇怪的。

按北京习俗，正月初一吃饺子，而且必须是素馅儿饺子。据张奶奶说，这一天诸神下界考核人间善恶。一看这家儿持斋食素，必是积善人家。可是我家倒没这个规矩，吃什么没多大讲究。但是张奶奶本人很讲究这个。她和玉爷这一天必吃素馅儿饺子，可说是素馅儿又有猪油，诸神看得出看不出，我就不知道了。

　　平常北京人冬天也爱吃饺子。做饺子的馅儿，猪肉白菜的也好，青韭猪肉的也好，甚至羊肉馅儿的、三鲜馅儿的都不值得一提。唯有这干菠菜馅儿的饺子才是无上精品。某家主人张罗客人吃饭时，如果吃的其他馅儿的饺子，只是说今天吃饺子，而如果吃的是干菠菜馅儿的饺子，才必须把它点明了"干菠菜"几个字，以示它的不凡。

　　这种习俗随着时间的流逝，已经淡化了，现在已经完全听不见了，可是我在儿时的印象至今记忆如新。

　　我从小不喜欢吃饺子，甚至大年夜必须吃饺子的时候，也是胡乱往嘴里塞上几个，应付差事。可是到了四五十岁之后又对饺子感兴趣了，无论是自己制作，还是买速冻饺子，总是经常食用。可是各种饺子再没有能和当年张奶奶做的干菠菜馅儿的饺子媲美的了。

　　我没和张奶奶学做干菠菜饺子，试做了几次都以失败告终。它的美味只是我的一种回忆了。

　　过年的时候，张奶奶做的好吃的可太多了。甭说正餐了，就是那些年下预备的东西就让您眼睛不够使的。院子里大缸底下跟变戏法似的存着这么多东西：肉皮冻、豆酱、芥末墩、卤猪心、卤牛肉、酥鱼、炒素菜丝……还有蒸熟了的肉丁馒头、花卷、糖三角和澄沙包。百果年糕是稻香春买来的，也搁在大缸底下，切上一片儿蒸蒸也挺好吃的。可是玉爷说这个东西不能多吃，里面有脂油丁，不爱消化。我才不会多吃什么呢。我最喜欢的是放在上房架几案上的那个青花大盖缸子里的、连吃带喝的那满满一缸子"枣栗汤"。要是来客人了，给他盛一碗。这种汤可好喝了，每年过年只要家里做这个汤的时候，每天我得喝七八碗呢。可是玉爷竟然说在有的家儿，那是新媳妇喝的汤（寓意早立子）。这新媳妇也太馋了，可跟小孩抢个什么呀？反正我们（北京话"我们"经常合起来读ｍ）家也没新媳妇，还是我来吧。

到了正餐的时候，我也吃不下什么东西了。再者了，有什么新鲜的，不就是什么鸡，什么鱼，还有什么肉和什么菜。我也没吃过什么印象最深刻的东西，赶紧吃完，我该放炮仗去了。

盒子里有葡萄架

儿时过年，最让我感兴趣的还不是这些年菜，印象最深的倒是和玉爷上糖市买炮仗。糖市卖的炮仗和胡同儿里、小街口儿卖的炮仗不同，那里的品种太多了，还有各式各样的花。像起花，长长的苇秆一房多高，点着了飞得又高又远。可是玉爷不让买，按他的说法，起花飞出去就没谱了，从这点着了飞到齐化门外头扎在人家房顶上，还不给房子燎着了，咱可不能干这损事。

按老北京人的叫法，带响的叫"炮"，不带响的叫"花"，可是有时也很难分清某个品种到底是花还是炮，还是统称花炮简单些。那各式各样的花炮，像什么炮打灯、太平花、八角子、老头花、大麻雷子、二踢子等等，其中最高档的当属"太平花"和"八角子"了。

太平花的模样极像一个大圆罐头筒，可是它比最粗的罐头还粗得多。把它立在地上，把封在上面的纸撕了去，就露出捻儿来了，点着了能向上喷出比房还高的白色的发着亮光的花。我家院子里种着两棵枝条茂盛的太平花，四五月间满树银花，雍容华贵，花香沁脾，的确是一种庭院中的优质观赏灌木。花炮中的太平花也是花炮中的佼佼者，当时买一个索价近十元。

至于八角子，底盘比太平花大，但是放的时候没有太平花好看。八角子的外观很像一个八角大捧盒，它的捻儿也在上面，把它上面的纸撕开之后会看见有十几个小捻儿伸向四面八方。这些捻儿汇总成为一个总捻儿耷拉在边上，点着总捻儿之后，串向各个分捻儿，分捻儿点着有先有后，点着一个响一声，打到天上一个红灯或是绿灯。实际上它就是炮打灯的集合体。它的下半截是个胶泥（黄土泥）坨子，为的是放的时候搁在地上稳当。这个八角子也得六七块。

最好玩的是耗子屎，别听名字不好听，就属它放的时候好玩。那是用火药弄湿了，外面用胶泥浆包上晾干了制成的。泥浆干了之后在上面刷上大白，再染上蓝颜色，外观一截一截的，两头出尖，不规则，长短不一，有点像僵死了的小蚯蚓。放的时候，把一头掰下去一点，露出火药来，用香一对（读duǐ），满院子乱窜。一分钱可买三四个，要买五毛钱的就给一大包了。

以上这些品种都是玉爷给我买的。其实有的品种还不能说是给我买的，每年的年三十儿，家里照例要放太平花、八角子、老头花，还必须放大麻雷子、二踢子和小鞭，说是要崩一崩煞气。那些炮仗都不是我放的，都是玉爷放的。我和张奶奶站在上房屋里把窗帘打开往外看。当太平花被点着向着天空喷出闪亮的光时，我高兴地跳起来，大叫着："太好看了，太好看了！"

张奶奶却跟我说了一句话："太平花好看？那当儿，在家里河边上放盒子那才叫好看哪！""什么叫盒子？"我问张奶奶。张奶奶似乎陷在沉思之中，喃喃地告诉我："这层是万寿山，那层是白塔，还有葡萄架，那一串串紫了嘟噜的葡萄，还有一层……"正在这个时候，"乓"的一声，一个红灯射向了天空，外面的八角子点燃了。随着一连串的响声，一个个的红灯、绿灯争先恐后地向空中射去。我又高兴地跳起来，笑着、蹦着，兴奋不已。

晚上玉爷给我洗脚时，我告诉玉爷："明儿，咱们还得去糖市，买盒子去。"说这个话的时候，玉爷正低头给我擦脚。他似乎怔了一下，没抬头问了我一句："什么盒子？"我给他讲张奶奶告诉我的盒子，盒子里有葡萄架，还有一串串紫了嘟噜的葡萄什么的。玉爷似乎听懂了我的话，对我说："天也不早了，你先睡觉吧，明天买盒子去。"就再也没说什么，那一夜我睡得很香，满脑子里充满了盒子，葡萄架和那一串串紫了嘟噜的葡萄。

第二天早晨，玉爷帮我穿衣服时，我又对他说："起来咱们就买盒子去吧。"玉爷说的话太让我高兴了，他说："你没醒的时候，都把盒子买回来了。你先刷牙洗脸，盒子就在张奶奶那儿呢。"我去找张奶奶，张奶奶拿出来一个点心盒子，笑眯眯地对我说："给你。"我打开盖，看见盒子里那一块块的点心，哪儿有葡萄架呀？张奶奶却说："这不是盒子吗？你尝尝里头有葡萄馅儿的没有？"我一连气咬了好几块点心，什么馅儿的都有，就是没有葡萄馅儿的。

直到多年以后，我才知道什么是焰火中的"盒子"，知道什么样的人家儿院子里会有河，还知道了什么人能在家里的河边上"放盒子"……

玉爷从抽屉里拿出来小鞭，那红纸、绿纸外皮的一挂一挂的小炮仗，拿剪子把捆在上面的那根细麻丝挑开，一个个小炮仗就散落下来。我点上一根香,抓上一大把炮仗就奔院子里去了。

　　玉爷坐在屋里看着我,嘱咐着:别崩着手!崩着手?那哪儿能啊,我是把炮仗插在雪地里再把它点着,崩的是雪,也没崩着手哇。

具体到我自己学会买菜做饭，是和玉爷、张奶奶的言传身教息息相关的。除了具体进行操作之外，和买菜做饭有关联的一切知识，几乎全部来自二位老人，是他们在谈笑中、在聊天中、讲故事中，一点一滴讲给我听的。不光带我上菜市上学去，还去过野地里呢！

玉爷带我采野菜

我小时候，在北京能采到的野菜，又能称之为美味的有枸杞头、二月兰、荠菜、西洋菜和柳蘑几种。

枸杞

首先说这枸杞。那当是指野生枸杞，在城里城外能看见它是很平常的事。城根儿下、城墙上、公园里、庭院中、胡同儿里拐角儿的墙根儿，都能发现它的踪迹。虽然有，但并不太多，也就是东一棵西一棵。也没有什么株高棵大的。要说多，还得上城外找去。

当时这野生枸杞在北京也就是一种杂草，没有什么人会重视它。到了夏天枝条上也会开出小朵的紫花，结了绿色的枸杞子，慢慢变红了，充其量也不过豆粒大小那零星的红了的枸杞子，北京人管它叫"狗脊豆儿"，而整株的枸杞北京人管它叫"狗脊棵子"，从这名称来看，这是一种无足轻重的东西。孩子揪，鸟儿铰。真正熟了还能挂在枝儿上的也没几个儿。这还算是挂籽儿的，多数枸杞棵子到了这个时候已经成了"干枝儿梅"了，上面空空如也，什么都没有了。

至于枸杞的嫩芽可食，在北京知道的人很多，可是真正以它作蔬菜食之的却不多。这又是为什么呢？因为春天枸杞发嫩芽的时候，地上的草已全长出来了，地上可食的野菜多了去了。有些野菜虽然口感欠佳，但是它多呀，好采呀。可是这枸杞不然，在城外长得多的地方，就是再多也得是隔上一段有一棵。要专采它可就费点劲了。这还只是其一。再者，这东西有一股苦味，很多老北京人并不喜欢吃这口儿。要说不怕吃苦味的，采点苦菜、苣荬菜不比采这个容易？一会儿工夫就能采一筐。话虽是这么说，可有一解，爱吃这口儿的人可不这么想，他们认为这东西可太好吃了，虽然有点苦，但是它有一种清香——一种用其他蔬菜无可取代的清香。

以我们家来说，张奶奶、玉爷和父亲不知道怎么赶的，都快迷怔了，可别提起枸杞来，他们认为枸杞头是最好吃的一种野蔬。

也别说，我很小的时候就能从杂草丛中准确无误地辨认出这棵就是枸杞，且无论是在四季中的某一天，无论是结了枸杞豆或是没开花、没结籽的，甚至是光秃秃立在雪地里的，都能轻易地指认出来。这还不是玉爷反复教导的结果。

每年春天，枸杞发芽的时候，采枸杞头照例是必不可少的一件事。似乎哪一年要因为什么没在当令时节吃上这口儿，都会成为整年之中的憾事了。这话表面听起来言过其实，实际上谁要爱吃这一口儿，确实会有同感。

采枸杞头要出城去。在海淀学院区的田边野地里，公路两边排水沟的沟沿上，黄亭子以及塔院附近，野生枸杞比城里可多多了。我和玉爷就是在这些地方采集枸杞头的。

所谓枸杞头是指枸杞发出的嫩芽。可是按玉爷的采集标准，采的并非是枝条上萌发的嫩芽。他老人家要采的是从根部萌发出的、即将长成新枝条的嫩芽。花草中从根部萌发出即将成为新枝条的嫩芽，以及兰花根部发出的带有花蕾的嫩芽都称之为"腱子"。

本来这枸杞头就不太好采，还都得要"腱子"，那得采多少时间哪！可也别说，工夫不负有心人，这趟出来，吃完中饭到这儿的，还没到吃晚饭的时候不是也采了半口袋了吗？半口袋倒是半口袋，您还没瞅见它是多大个儿的口袋，撑开口袋口儿一看，这点，也就够炒一小盘。大老远的上海淀一趟就带回家这么点，冤不冤哪。我就一通儿地撺掇玉爷降低点标准。玉爷抬头看看天，知道再磨烦磨烦就到了该回去的时候了，他很不情愿地发话了："就矮子里头拔旗杆吧，不行的可别掐，带回去，也得挑出去。"有了玉爷这句话，我采摘的速度就快多了。一会儿工夫我就弄了一大捧。刚要往口袋里搁，玉爷说："先等等，咱们在那儿也瞅瞅去。"说着就往土城儿走去了。这土城儿也叫黄亭子，据说是元代城墙的遗址。土城只剩下一个土坡，坡顶上有一个石碑。玉爷带着我就奔了那个土坡了。

玉爷就是有眼光，我们在这土城上找着好几大棵枸杞，每棵都是大扑棱棵，枝条足有人来高，那根儿底下，一簇簇的"腱子"，肥嫩，苗壮。开采！这个"开"字也是北京土话的用法，如做好了饭，开始大吃的时候，就可以说"开吃"。但这吃必须是有充足的食物大吃一顿，方能用这个词儿。

采枸杞头的姿势还真难拿，您想它长在坡上，人也得一脚高一脚低站在陡坡上，还得用一只手小心翼翼地拢着枸杞的枝条。这枝条上有刺，别扎着手，更不能让它剌着脸。半哈着腰，尽力儿把一根根"腱子"掐下来。还真没白费劲，口袋满了，还装不下了。按了半天才全擩在口袋里头，这口袋口儿可系不上了。

我们满载而归，给张奶奶乐得什么似的，不住嘴地夸："还真没白去，弄了这么些个。"

到了吃晚饭的时候，从厨房到饭厅，到处散发着炒枸杞头的清香，足足炒了两大盘子。这东西讲究现采现吃，留到次日也吃不得了。趁新鲜，大家都尝个鲜吧。

做这个菜就太简单了。宽宽的水透洗几和，控干了水，切点姜末儿，加绍酒、盐、糖，急火快炒，噼里啪啦，出锅盛盘。碧绿碧绿，微苦清香，可真是一款不可多得的美味野蔬。

父亲很是纳闷儿："你们上哪儿弄了这么多？"玉爷坐在门外头凳子上搭了一句话。说的甭提多逗了："这玩意儿，也就弄这么一回，天天去，腰也不答应呀。"可不是吗，我这小身子骨儿现在腰还酸哪，就甭说玉爷了。

二月兰

在北京，和枸杞头可以媲美的可采野菜就数二月兰了。这东西在城里城外能找到的地方可比枸杞头局限多了，可是采摘起来比枸杞头又容易太多了。

二月兰是草本宿根多年生植物，要让玉爷按北京话说，这玩意儿是硬根儿的。一般的地方很难发现它的踪迹，而在各公园则很常见，无论是中山公园、天坛、北海还是香山、颐和园，就是故宫里头这东西也是多了去了。可是有采摘价值的二月兰还得是长在山坡上的。当年我们采二月兰的首选地就是颐和园后山。您一定不明白，干吗非挑这么一个远地儿呢？

原因有二，其一，这采二月兰不是专程去采野菜去的。采枸杞头所去的地方，是在父亲供职的机关的附近，而那个地方是没有二月兰的。采二月兰是逛公园的附带品，讲究玩也玩痛快了，顺便带回点儿野菜来。其二，是因为颐和园地处西北郊，地上的草儿、树上的叶儿都比城里头早几天发出绿芽来，按玉爷的话说，颐和园离玉泉山不远，那边比城里头得风。这风无疑指的是春风。可是这句话有什么根据，我就不清楚了。但颐和园确实比城里春来早，却是不争的事实。

我小时候，每年三月底，颐和园后山坡上二月兰就可供采摘了。这时候的二月兰，茎已有十厘米高，茎的顶部已能分辨出小小的淡绿色的花蕾，尚未呈现出一点紫色。这是二月兰最鲜嫩的时候。在这以前，二月兰刚出芽，掐个尖，也太小了。这段时间以后，花蕾变成了紫色，这个时候当然也可以食用，但是其茎部的纤维质就多了，择菜时还要把老梗掐下去，否则影响口感。等二月兰开花了，这东西就不怎么能吃了。如果还想吃这口儿，把它用沸水焯了做馅儿尚可，清炒就不宜了。

小时候去颐和园采二月兰，有时候是和父亲去的，但更多的时候是和玉爷去的。至于和同学结伴去则是上高中以后的事了。当时北京人讲究吃二月兰的人并不普遍，可是每回采二月兰的时候，几乎都可以碰见同道者，就是没碰见同道者，也能发现有人采二月兰,那就是在采二月兰时时常会发现某棵二月兰底叶很茁壮,但它的茎头已被人掐下去了。

采二月兰比起采枸杞头可容易太多了。只要是找对了地方,年年都可以到这儿来。一棵挨一棵,一片一片的,蹲下甭动窝儿,专挑肥硕的,您就掐去吧,不大工夫就能弄不少。就是专挑最上品的,虽然麻烦点儿,不到一个钟头准能弄一大口袋。

回到家来先择一遍,把无意之中带回来的夹杂在二月兰上的草棍、干树叶、干马尾松针儿挑出去,再把茎底老的地方掐下点儿去,透透洗几和,就控水去吧。

这个菜制作的方法和"炒枸杞头"完全一样,其口感却和炒枸杞头不同。这玩意儿也有点苦,但这苦味比枸杞头就小多了。它所具有的浓郁的香味,是其他任何青菜所不具备的,和任何菜肴相比,它也绝对是佼佼者。

近年来随着城市发展的进程,北京城里、城外周边很远的范围内,野生枸杞几乎绝迹了。至于二月兰,在当年生长的地方还有,但是随着环境保护的力度,随便采摘野生植物已提高到破坏环境的高度,从起码的道德出发,还能任意采摘吗?那当然不能!

可是我想,要开发北京的菜篮子工程,是否也能把它考虑进去。采集一些二月兰的种子,找个地方进行栽培,使它变成菜市场中一个新的蔬菜品种,恐怕也不是一件太难办的事吧。

至于让枸杞头也成为一种新品种蔬菜，这个事的难度可能比二月兰大了一点儿。可是现在市场上的香椿芽儿、花椒芽儿以及一些水培蔬菜的这个芽儿、那个芽儿不是都有吗？在这方面的科技人员努力下，这似乎也不能成为一个不可攻破的难点。

我之所以这样想，是我毕竟知道这两款菜的美味，毕竟亲手采摘过当年北京野生的这两种东西。但是，目前它们只存在我的记忆中了。

荠菜

关于荠菜的情况和上述两种野菜又不大相同。

当年，五月间，荠菜长出来的时候，走街串巷卖从地里挖出来的荠菜的不能说没有，但是比走街串巷卖香椿芽的人可就少多了。这些人所卖的荠菜和现在某些农贸市场里卖的野生荠菜没有两样，全部都带菜根，如果不把它连根挖出来，叶片就散落了，也就不能成为菜了。连根整株不过四五厘米长，其中根茎又占二分之一，有的甚至根长于茎，叶片窄瘦、叶络硬韧，疑是公路边、铁道旁瘠薄地域的产物。

这样的野荠菜的吃法大约只能做馅儿。把它用沸水焯过，细细斩茸恐怕会好一点儿。若是凉拌、生炒，其口感就太差了。但是为什么还爱吃这一口儿呢？因为荠菜有一种鲜味。"荠菜豆腐羹"是多么好吃的菜呀！荠菜焯后细细剁碎，用一块南豆腐做成羹，加点高汤加点盐，勾点芡……可是走街串巷卖的荠菜不能做这个菜，因为它的叶片太老了，做出来的也好吃不了。

那么品质高的野荠菜到何处去采呢？那就是菜地里。在菜畦里，野荠菜是杂草，但它又不同于其他杂草，虽属应该除掉的对象，可是菜农往往对它手下留情，一般来讲，不会把它斩草除根下狠手的。这野荠菜在这种环境中，自然长得肥壮许多了。以前我家有好几位庄户人家的朋友。其中就有菜农。也正因为这种特殊的原因，每年我们都能吃到上品野荠菜。

可是这种荠菜也就属于较好的荠菜。那么最好的荠菜在什么地方能找到呢？在菜市场。二十世纪五六十年代，菜市场都有南来的成捆荠菜。具体是南方什么地方我就不知道了。但是从它的外观来看，它绝对是菜田里的一种作物。整捆，带根，连根株长十五至二十厘米，拦腰用稻草打的捆，就如同成捆的小白菜、菠菜一样，整齐地码放在货架上。要说这种荠菜也是野生的，那绝对不可能。

这样的荠菜做什么菜肴不行呀？清炒可以，做羹可以，再做点好吃点的，炒个鸡丝，滑炒个里脊，用它做馅儿包个饺子、煮个馄饨，哪样儿不引人垂涎？

可是就是这种蔬菜，在七十年代中竟从市场上消失了，消失得无影无踪，以至到今天我也没再见过。您说，这事怪不怪。

我之所以百思不解的是，现在市场上推出的速冻馄饨的几大品牌之中，有荠菜馅儿的可不止是一个两个，难道这种蔬菜成为这些厂家的专供品了吗？

如果是供应不足，不妨多种植一些，调剂调剂市场，也未尝不可不是。我想做到这一点其难度还小于前两种野菜。说真的，我还真盼着不远的将来，有这么一天，我小时候吃过的、亲眼见过的那诱人的成捆的栽培荠菜又回到菜市场，又回到我们的餐桌上。

西洋菜

提起西洋菜，就和前三种野菜不同了。这是南方的常见菜，可是在北方却很少有人认识它。这种东西是一种水生植物。以前北京周边水域颇多，但并不是有水的地方都有西洋菜。真要想采到，必得去香山。那时香山樱桃沟泉水川流不息。在山坡上泉水流过之处，浮长在水面大量的西洋菜。教我认识这种野菜的还真不是玉爷的功绩，因为玉爷也不知道这玩意儿能吃。这是在父亲带我去香山逮蝈蝈途中发现的，至于后来去采西洋菜亦可能是和玉爷，也可能是和同学结伴在游览香山之际，带回来的副产品。

西洋菜茎蔓很长，浮在水面上。采这个东西还要费点劲，鞋是不能穿了，得光着脚站在水里头，顶着骄阳，哈着腰在水中采摘。

这哪儿是采野菜，简直就是"鸭口夺食"。当年香山有不少养鸭户，而有西洋菜的地方往往就是放鸭子的场所。经常有这样的情况发生，远远看见一大片茂盛的西洋菜，走近一看，竟无可采的了，所有嫩尖都没有了。好在这东西在香山有很多，所以并不存在空手而归的时候。

有的时候，也能碰见当地的老乡。老乡们对我们的举动百思不解，不明白城里人为什么许的，津津有味地采着喂鸭子的草。当听说我们要吃这种东西时，老乡往往哈哈大笑。"这是鸭子吃的水草，人还能吃得？也别说，它倒药不死人，你们是采药材的吧？您跟我说说，它能治什么病？"这都什么跟什么呀！

西洋菜在我国分布甚广，但其必须存活于流动的活水之中，死坑子、静止的水洼子是不会有这种东西的。一般来说，南方所产优于北方所产。当年北京的市场上是见不到这种蔬菜的。在北京能采到已属不易，就其品质而言，也无从挑剔了。

这种菜清炒做汤均可。可是做汤胜于炒食，它的叶片以及茎清脆爽口，若用肉糜高汤烹制菜羹最美不过。如果把荠菜豆腐羹中的荠菜换成西洋菜，再加点肉糜，那么则制成另一款味极鲜美的佳肴。荠菜只是以鲜见长，而西洋菜入馔还能爽口利喉，其效果则更胜一筹。

现在随着市场的繁荣，南方所产优质西洋菜已在北京销售数年了。可是在都市中的各大超市、大菜市场依然发现不了它的踪迹。要想买到西洋菜，您还得去大型批发市场内的南菜供应中心，那里有用大白塑料箱封装的、从南方调运来的优质西洋菜。当年我们的采集品其外观及品质和这样的西洋菜简直不可同日而语，但是其价格也不菲，我依稀记得几年前，在节口、年口，我曾在某个南菜中心见过刚启封的西洋菜，每斤零售单价竟在十元以上。而就在寻常的日子里，这种蔬菜的零售单价也没太便宜过。

市场真是千变万化，谁想得到？我们久违了的当年香山樱桃沟泉水中大量生长的西洋菜绝迹之后，北京的市场上竟能买到这种东西了。

可是有一点我不明白，以这种菜在北京的生长环境而言，要是到了南方，培植之简单、管理之方便、产量之高是不言而喻的，犯得上用这个价钱买吗？可话说回来，这土生土长的常见菜，它的品名竟叫作"西洋菜"，卖得贵点似乎并不为过。

西洋菜并未普遍出现在寻常百姓的菜篮子里，听批发市场的售货人说，这是各大菜馆选购的对象。由于本人没追踪考察过，至今也不知道是哪家餐馆选购走这些高档鲜蔬。至于餐馆用它入馔何种菜肴，就更不得而知了。只有一点可以推算到，想必一定是入馔那高档的菜肴了，要不然，也对不起原料的成本哪。

我跟父亲采蘑菇

我小时候，在北京的市场上也能见到鲜蘑菇，但是品种太少了。其中野生的有两种，一种叫鸡腿蘑，一种叫柳蘑。五十年代人工培育的鲜蘑菇就是白圆菇，但到了困难时期就断档了。

后来，大约在七十年代，各大菜市场又开始有那种人工培育的鲜的白圆菇上市，但是当时能在大菜市场见到的这种白圆菇，其品质和现在市场所售之物有天壤之别。从外观来看，颜色发黄，菇柄的底部基部都发黑了。新鲜是谈不上的。菇伞没有闭合的，而且伞边残破不全。有的虽不残破但也都裂了口儿了。这东西疑为制作罐头时被剔除的等外品。品质好一点的不能说绝对没有，但那可真是可遇不可求了。而且所谓好也不过是稍稍周正、稍稍新鲜一点儿而已。品质既然谈不上，口感也好不了哪儿去，用它入馔只能用于做个鸡、炖个肉借味用用。要真为食用蘑菇本身，就差点劲了。可是纵然如此，它依然是市场上的抢手货，往往一出现在货架上，人们就会蜂拥而上，一抢而空。原因很直接，物以稀为贵，要不抢着买，还未必买得着呢。

在市场上又有白圆菇的时候，恰是北京野生菇逐渐退出市场之时。也就是从那时候起，没过多长时间，曾经供应市场几十年之久的北京产野生蘑菇从市场上消失了。

我们自己去采野蘑菇也是这时以后的事了，在这之前是不用操这份儿心的。

市场上的野蘑菇

在市场上有野菇出现的年月，这东西虽然不是在哪儿都能买得着，但是像东单、菜市口儿、西河沿几大菜市场准能有售。至于货品的来源，是住在南郊的几位善于挖野生蘑菇的人几天采一回送到菜市场来的。他们各自有挖蘑菇的去处，彼此互不干扰，各行其道。采了一回之后，估摸着该采荏时再走一遭，也算是在蘑菇季中一种换钱的方式。

柳蘑和鸡腿蘑，外观及口感都不同。柳蘑是丛生的，上市的柳蘑有三四个头的，也有十几二十几个头的，大小不一，最大的和最小的相差甚远；而鸡腿蘑单个儿生长，菇柄长于菇伞数倍，其形状极像一把没有完全闭拢的雨伞。

据父亲和张奶奶的烹饪经验，在用它们入馔时还要区别对待。一般来讲，不可能把它们混用。柳蘑有点土腥味，但质嫩、易熟，烹制时多加点绍酒把土腥味杀下去后，口感是极好的，或炒或烩都是美味，而烩还胜于炒。如加鸡丝、嫩豌豆烩制"鸡丝豌豆烩鲜蘑"是上乘的佳肴。如果用里脊、黑木耳取代鸡丝和嫩豌豆，则又成为另款美味。其品质高，怎么做不行？

而鸡腿蘑就不然了。有土腥味这倒说屈了它了，它没土腥味，可是用它做出成菜也没有柳蘑那样滑软。它只宜炒食不宜用于烩菜，因为它质地偏艮，没有前者那种柔滑劲儿。如果在现在，您要想知道这鸡腿菇到底艮到什么程度，倒不是件难事，因为它艮的程度和目前市场上常见的鲜菇品种中的草菇、杏鲍菇、平菇、凤尾菇极为相近。虽然略胜于白圆菇，也绝不是入馔高档烩菜所用之原料。

北京所产的野生菇为什么断档了呢，原因很简单，北京的建设一日千里，生态变了，野生菇自然也就少了，以致后来绝迹了。在野生菇减少了之后，采蘑人走再远的路也采不了多少了。偶尔采回来点，也不值得卖一回的，干脆留给自己享用吧。这样一来二去的，就没有人再大老远往城里头送了，歇业的歇业，改行的改行，在那几年，这玩意儿从北京的市场上就消失了。

拜师学采蘑菇

我们采蘑菇也就是从那个时候开始的。当时七几年，父亲从干校回北京，正是比较闲在的时候，就琢磨起这口儿来了。他先是上菜市场找售货员打听，又按照售货员的指点骑车出了永定门，在那儿的一所小学校的传达室里找到了以前往菜市场送蘑菇的张老汉，才知道了很多内情。

原来当年那些采蘑人大多家住永定门和右安门外，采蘑的地点也在永定河河沿一带。什么堤坡处、林带中，都有野生蘑菇，但是也不是所有这些地方全长有蘑菇。这蘑菇是菌类，要想采蘑菇必须会看"梢"（读音同"瘙"，去声），这个"梢"字父亲早听说过，倒不是出自这位张老汉之口。他在上大学时期就有幸认识一位香山的采菇高手，人称"蘑菇王"的老者。那位老先生就跟我父亲详尽地介绍过有关"梢"的知识。

有经验的采菇人可以在未曾涉足过的山野辨别出"梢"的所在。所谓"梢"，一方面指草木葱茏，一方面和埋在土内的菌丝有关。有"梢"的地方年复一年都能长出蘑菇来。而学采蘑菇的人向师傅学会找"梢"的那无疑是学到家的人，可是一般的采蘑的人还达不到这个境界。至于他们也能采着蘑菇，可能是家里的老辈儿或是师傅告诉了他某地有"梢"，就死记这个地方去采。也有自个儿误打误撞找到了有"梢"的地方，每回都上那儿去。

正因为有这个"梢"，年复一年长蘑菇的地方不会相隔太远，总在上年采蘑菇左近的地方就可以采到蘑菇。

这位张老汉当年采蘑菇时所去有"梢"的地方，或是在改造永定河时改变了地貌，或是改变了生态，能采到的蘑菇太少了，所以就改行上学校看门来了。

这回张老汉见到父亲这样执着的寻蘑人，当然聊得甚是投机，大有相见恨晚的感觉。聊天之中把他去的各"梢"一一介绍给父亲，不过同时也告诉父亲，就是再去那几个"梢"，也可能采不着什么了。

父亲取经回来的第一个工休日，就带我采蘑菇去了。从右安门出城，过第二传染病医院往南直奔中顶村。从村子向东南走了好一大段炉灰砟子路，就到了铁道边的林带里，把自行车靠树上。

敢情就是这儿。我抬眼望去，林带北面就是一条排水沟，南边土坡上头就是铁道。林带里柳树、杨树混杂着，树长得挺高，但却不算太顸，最顸的不过碗口粗，细的不过一手可以握过来，可能是后补栽的。还有一些树坑，坑里头还能看见挖走这棵树时留下的被切断的树根。当我的眼睛盯住其中一个树坑的时候，随即蹲了下来。树坑里面是沙质的黄土，在坑底边上有一块小土块被什么东西顶起来了，像个支起来的小帐篷。我用随身带来的花铲，小心翼翼地在这顶起来的土块旁边竖直地插下去，往上一翻，一丛柳蘑随着翻开的沙土显露出来。我把它捡出来，轻轻抖动，把上面的略带潮湿的沙粒抖下去，捧在手里叫父亲来看。"你还真找着了。在哪儿采的？"父亲问着。"就在这个坑里，再仔细瞅瞅，可能还能有。"我对父亲说着，又仔细看着树坑的内外。果不其然，在树坑里、坑外面又挖着两三丛。父亲很奇怪，寻思着，他怎么一个也采不着呢？

一股成就感涌上我的心头。要说这采蘑菇莫如说是挖蘑菇。真正高品质的蘑菇应说是即将拱出土而尚未拱出来的。

这个经验我还真不是师承父亲和张奶奶、玉爷。此时的我，已是经过上山下乡返京的我。这高招来自亲身体验和摸索。

什么地方长蘑菇

记得在黄河引灌区的条田边、林带里、渠坡上、沟沿里有过多少次寻觅鲜蘑的经历。从找不着到能发现几个到得心应手、手到擒来。这多年来已经是个行家里手了。在北京我还不敢夸这个口，但是在我下乡的地方，不客气地说，我就具备找"梢"的能力。

我这点功夫并非和什么人学的，主要是动力强呀！那个地方真没什么可吃的东西。我下乡的地方，地里确实能采到蘑菇，但是并不太多。在那儿的最初几年，我时常听说过此地可采到蘑菇，可是我在我们住的地方的周围都走遍了，也未曾发现过蘑菇的踪影。

开始采到蘑菇是几年后的事了。有一次下地干活儿回来，沿着渠边往回走的时候，不知道当时分神想什么事儿，深一脚，浅一脚被什么东西绊了一下，愣被绊了一个大跟头。从地上爬起来的时候，才发现是被一根埋在地里的树根子绊倒的，这树根子是当初平整土地时让推土机切断的一截树根子，一米来长，必定是随着推土机的刮铲从别处移到这儿来的，两头都埋在土里，当间儿露在地面上，形成了一个"绳套"。我准是把脚蹚到这套里头了，树根子随着我往前迈步从地里给带出来了，我也让树根子给绊趴下了。

这是怎么话说的，平地都能摔跟头。我一时很懊恼，就顺势坐在地上，掏出一根烟，心说了，先抽棵，歇会儿吧。在低头点烟的时候，眼睛的余光看见一个什么东西，再仔细一看，是一个小蘑菇，随着这截树根子给从土里带出来了。那是一个菇伞未张，还未拱出土的小的蘑菇。一时间，懊恼一扫而空。趴在地上仔仔细细地满地踅摸，在不远儿的地方，那曾经浇过水又板结了的沙质土的地面上，有一个个儿被什么东西支棱起来的小土块，我用手把土块扒拉开，土块底下竟是一个即将拱出地面的蘑菇。"嘿，这是什么造化呀，老天有眼，老天有眼……"我嘴里语无伦次地叨念着。手也没闲着，把一个个儿的蘑菇从地里头请出来。怨不得以前找不着哪，敢情这蘑菇是这么长的。

这事也怪了，以前不知道蘑菇什么地方有，也不知道它快长出来的时候，能把土块拱起来。可是那拱出地面的总能看得见，找得找吧？可就是没找着过一个。这回倒好。没拱出土来的让我找着了，拱出土来的也全让我很容易地采到了。当时我确实觉得很奇怪。

后来我多次采蘑菇之后，总算把以前这种不解给弄明白了。这地方有不少林带、水渠和水沟，但并不是每条林带、每条水渠、水沟边上都能采到蘑菇。换言之，只有在适合蘑菇生长的环境下才能采到蘑菇。

蘑菇是可食真菌，以孢子和菌丝繁殖。某个地方草深林密，未必就适合蘑菇生长。

轻易采到那种小白蘑菇的地方多在高低起伏的开阔地上。这地方有草有树，地下多埋有斩断的草根、树根，地表多为板结了的沙质土。在板结层的下面，还有潮润的水汽，但并非湿地，也不能是从地表到地下都是干沙子。这个地方往往处于相对地势较高的缓坡、水渠的屏障之下或环绕之中，是个有点背风的地方，左近还可能有经常流水的水渠或排水沟。只有在这种地方才适合蘑菇的生长及生存。否则，地处风沙多、降雨少的地域不可能在板结层的下面还有潮润的水汽。

这种道理是显而易见的，蘑菇的生长及生存，需要潮润的环境。地下的被斩断的树根、草根适合菌丝的生长，菇伞中的孢子随风散落开来。在较高地势的屏障之下就散落在这附近不远的适合它生长的地方。这恐怕也就是所谓的"梢"。

当年我找到的那种小白蘑菇的外观有点像北京的白圆菇，但其色泽白中偏黄，白圆菇若和此品相比所差远矣。此物品质极佳，脆嫩可口，鲜味浓郁，疑为就是制作口蘑的原料之一（众所周知，口蘑并非只限一种蘑菇所制）。

自从我采到蘑菇的事在知青中传开之后，采菇之人多了起来。我也把所谓经验拱手送给诸君，虽然后来我有时走了一遭收获甚小了，那一定是让某君捷足先登了，但也乐得其所。这毕竟是本人的原创，引以为荣那是自然的。

北京的地理环境和我下乡的地方差异甚大。我也不敢妄自夸口。但是这点手段还真用上了，这一天经我挖出来的蘑菇在我们爷儿俩找到蘑菇的总数中约莫占十分之九。父亲挖出来的也就不过两三个儿，他采的那拱出地面的倒有不少，但其中还有不少不堪食用，因为有的菇伞已缺了半拉了，这倒凑合能吃，有的都有点烂了，有的上面爬满了蚂蚁，这样的还能要吗？

纵然如此，我们还是"满载而归"，找着的柳蘑足有斤半以上。鸡腿蘑五个，三大二小。这还都是父亲找到的。敢情这鸡腿蘑他全是在排水沟沿上草棵子里发现的。那半边我还真没去。我净在树坑子周围、树行子里头转悠了。

天也不早了。可不是吗，连午饭都忘了吃了。挽起袖子一看表，都快下午两点了。赶紧从书包里取出装着凉开水的瓶子，拿出半道上买的义利食品公司出的"精白面包"足吃海喝。那叫一个痛快。

骑车往家走的时候，父亲提起了玉爷（那时候玉爷已去世多年了）："要是玉爷活着，看见咱们这样，一定又会说，你们爷儿俩又上哪儿啜冤去了？为嘴伤身，不冤不乐嘛！"一时间，玉爷的音容笑貌又浮现在我的眼前。那是多么好的老人呀，要是玉爷和我们一块来，看见我这么会采蘑菇，该多高兴呀。

后来再也没吃过野生蘑了

我倒是会采蘑菇，可是从这次以后至多也就再去过两三趟，所采的蘑菇一次比一次少了。到后来就空手而归了。我们去的那个地方已经被圈起来了，不知要兴建什么工程了。

我从此再也没有吃过北京产的野生蘑菇了。但是在后来的日子里，人工培植的平菇、凤尾菇出现在北京的市场上。到了九十年代投放市场的人工培育鲜蘑菇的品种多了起来，什么草菇、杏鲍菇、茶伴菇、白圆菇、鸡腿蘑、金针菇、香菇，应有尽有，大大丰富了老百姓的菜篮子。

但是也有美中不足的地方，这其中的鸡腿蘑和我们当年见到的鸡腿蘑从外观到口感却不一样，分明是两种东西。目前市场上出售的鸡腿蘑从外观来看，不过就是拆散了的平菇，一个长长的菇柄，菇伞部分分明就是一小片平菇，根本不是伞状。其口感明显劣于其他诸种鲜蘑。

白圆菇品质极高，每个都是菇伞未张，雪白、干净、绝对新鲜。但是这东西品质再高，也口感发艮。这倒不是它有什么问题，因为它本身的口感就是这样艮。和它同样艮的还有草菇、杏鲍菇、茶伴菇，其发艮的程度与野生鸡腿蘑不相上下，也就是说这些蘑菇在烹制中只宜炒食、焖食、炖食，而不宜入馔烩菜。至于香菇、平菇、凤尾菇和金针菇绝无发艮的感觉，但是它们熟后又偏韧，牙口稍差的人吃在口中有咬它不断的感觉。

我也许说得并不全面，但是据我现在了解的这些品种之中，尚没有找到一种具备当年野生柳蘑那样柔软、滑嫩适合制作烩菜的品种。

现在我国培育鲜蘑的技术突飞猛进，可以再动动脑筋，培育出当年产于北京的柔嫩滑口的柳蘑，那该多好呀。要是再费点劲能培育出当年我们在乡下吃过那种优质蘑菇则是更好的事儿了。

在我小时候，三位至亲都是"吃主儿"。他们会买、会做、会吃，具体地说，我学做饭多是张奶奶手把着手教我的，怎么买东西多是玉爷手把手教给我的。而在吃鱼的时候边吃边吐鱼刺，吐出的鱼刺干干净净，不带有一点儿没吃净的肉渣儿；在吃鱼的时候说话、谈笑都不妨碍，既不影响吃鱼的速度又不可能被刺鲠喉；吃虾，且无论食用像"油爆虾"那样的整条虾，像"烹虾段"那样的虾段，都可以把它们带着皮放在口中，翻转几下，把虾肉全部留在口中，把虾皮吐出。这些食用的技巧都是父亲教授我的。

从陪伴到家厨

张奶奶来我家时，擅长绘画的祖母已染病在身，很少作画。时常作为居士来往于佛门庙宇，拜佛、布施、赶赴道场，很需要一位常随陪伴。由于张奶奶的特殊身世和非同一般的经历与其他佣工甚是不同，无疑是最合适的人选。这位陪伴当然是非她莫属。

不能这么干坐着

张奶奶刚来到这个家庭时，心情是复杂的。虽然介绍人说得很清楚，这家的太太要找一个陪伴，可是是什么样的陪伴，陪伴什么呢？

张奶奶想着，猜着，各种各样的想法、猜测有些竟是相互矛盾的。

其实这也难怪，大清没了，家里败落了，以前闺中那一切的一切，都化作轻烟而去了，恍如隔世。为求生计，几年来受了多少苦。本家儿对底下人好还好，本家儿要是事多……她不敢再往下想。

一进到这家儿的家门，最使张奶奶不解的倒不是本家儿如何。这家儿怎么住在这样的院子里？有那么些树，那么些花，这不像个四合院，怎么那么像个花园呀？这家老爷怎么想的，怎么住在这么"不格局"的房子里呢？她满腹疑团，不解地设想着这可是一个什么样的本主儿呢？

几个月下来，张奶奶心里踏实了。一到这里，一切都安排好了。不但安排一间独立的寝室，还有全套家具，找裁缝缝制了四季衣服，还有见面礼——几块江南织绣的手帕和一副做工精良的耳坠。

老爷没那么多事，什么都是太太做主。太太心眼也太好了，一点架子也没有，把自己当作朋友。每天就是陪着太太出门，陪着太太聊天，多少年没去过的广济寺、雍和宫，和太太都去过了；上公园，上北海，这儿了那儿了，哪儿都去过。太太还会说外国话呢！您听她和那个外国人说得嘚嘚的，真有本事。这是一个新派家庭。

张奶奶刚来时那心中的疑团不解自开了，她似乎又找到了以前的感觉了。

太太这么待我，我也该给太太出点力，也得给这个家干点什么呀。太太这两天心口痛，这不，又歇着去了，我也不能这么干坐着，就是在自个儿家里也不能这么摆着呀！

干脆，我帮着厨子做饭去。可是转念一想，这个家庭是南边人，又是洋派，我会做的那些个，人家吃吗？南边菜、福建菜、西餐我也不会做呀！这可怎么好哇。张奶奶暗自着急。

也许是命运的安排吧，终于有一天，张奶奶在这个家庭的厨房里，有机会结识了一位福建名厨，并在接触的过程中学会了做福建菜。

还是在这间厨房里，有机会和另一位"厨师"不期而遇，在这位"厨师"的指导下学会了做西餐和南边菜。这位"厨师"就是我的父亲。

张奶奶和这位"厨师"在某些方面是有共识的，他们都有吃过见过的经历，同时又都是具有"吃主儿"称号的人物，使"吃主儿"的那句信条"依我所好，为我所用"得到进一步印证。

在这位"厨师"潜移默化的影响下，张奶奶以前墨守成规、一味拘泥的烹饪思想有了突破性的改变，变成以"博采众长，兼收并用"为主导方针，使烹饪技术提高到新的起点。张奶奶最终和这个家庭融为一体，成为名副其实的厨工，同时又成为这个家庭不可分割的一员。那是后话了。

对张奶奶本人而言，如果说由于和太太的接触，以前的疑团已经不解自开的话，现在她对这个"不格局"的院子，非但没有非议，反而认为顺理成章了，觉得如果不是这样，倒有什么缺陷了。

这个院子"不格局"有点出了圈

张奶奶觉着我家院子"不格局"是有道理的，那是因为这个院子和北京传统的四合院大相径庭。就面积来讲，这个院子大于小四合院，前门和后门分别位于前后两条胡同儿之中。说这个院子四进是不确切的，因为它是由前院、里院、后院和一个小跨院组成的。院子有几进还无关紧要，但是确实"不格局"，"不格局"得有点出了圈。

前院正房与南房之间虽然有花墙相隔，但除了正房和正房两侧各有两间耳房之外，并无东西厢房，与"四合"不符。从正房的东墙起向南至大门洞的西墙，也有一溜花墙把前院分成东西两部分。两溜花墙的交会处有门可相互穿行。挨着正房的那间东耳房被一道南北向的墙一分为二，靠近东边的那半间与另一间耳房之间的墙被打开，使东半部成为一间半的整屋子，而西半边那半间房的前后墙都打开之后再安上门，使这半间房成为从大门洞通向里院的过道。

里院三间上房，上房两侧分别有两间耳房，还有东西厢房各三间，倒像个四合院，可上房和东西厢房既无前廊又无后厦，只有高大的封闭的过道把厢房、上房、耳房连在一起。在东西两侧耳房的前面又分别接出一间高大、宽敞，具有西洋建筑风格的平台（不起屋脊的平顶房）。平台的屋顶、封闭过道的屋顶分别和东、西耳房的屋顶相连，使东西这两个局部形成单元式的建筑格局。

在外院的东西耳房、里院的东西厢房之间，也有高大的封闭带屋顶的过道相通。这样一来，使里院、外院的主要居室全部成为前后贯通、左右相连的一个整体，任意进一个门就可以从内部到达任何一间居室。

一进大门，就看见一道四扇绿屏风，它后头有座门楼，中间是个月亮门，倚着这个门楼种着一棵凌霄，长长的枝条爬到门楼顶部又低垂下来。每到开花的季节，枝条上一朵朵艳红似火的花争先恐后地开放着，和那绿色的木屏风形成极强的反差相映成趣。进了月亮门，靠近东墙有三棵高大的洋槐树，这三棵树与花墙西面那个院子里的两棵同样高大的洋槐树遥相呼应，西院里，除了这两棵洋槐树外还有白丁香十几棵和紫丁香十几棵。

在里院的院子正中并无天棚，更没有鱼缸和石榴树。在上房的前面有两棵高大的西府海棠。在西厢房前和东厢房的南面分别种着枝条繁茂的太平花。院子中间偏前院北房那边，有一架用竹竿搭起的方形竹架，竹架在四面分别种着猪耳朵扁豆和丝瓜。竹架的东侧种着一丛丛的矮竹，还有一大块太湖石。竹架的西侧则种着芍药十余棵，靠近墙角的地方则种着那开着黄花的夜来香。东厢房前有一架紫藤，从北到南把东厢房夏日的西晒遮护得恰到好处。紫藤架下的竹篱笆上爬满了荼蘼、牵牛和癫瓜。

小跨院里有一小片竹林，无论是在跨院中间的北房里，还是从开在西厢房后墙上那又高又宽具有西洋建筑风格的大开扇玻璃窗里，都能清楚地看见那婆娑的竹影，都能感觉到透过竹枝竹梢吹进来的清风。

除花池子之外整个儿院子都用半尺见方的方砖着地。在海棠树的旁边以及一切边边角角都长着品种繁多的花花草草。

这就是我家里院当时的真实写照，任何人都可能觉得它"不格局"，但是它难道不比那呆板的所谓传统的四合院更舒适，更适合人居住吗?

张奶奶说得不错，祖父当年购置的这个院子，原属一个旧式大宅院花园中的一部分，不但面目皆非，而且相当"不格局"。

具有西洋新派思想的祖父请建筑界的朋友到家里来实地勘测，设定改造方案，把这个院落改造成一个具有中西合璧建筑风格的新型宅院。

改造的方案以人为本，前后贯通，左右相连，为的是方便。里院东平台成为起居室的一部分，原耳房部分分别是储物间和卫生间。西平台是饭厅，原耳房部分，西边那间是厨房，厨房与饭厅不相通，但是在饭厅的后墙上开有类似于食堂售饭窗的窗户，在厨房中做好的菜可以不出屋子就送进饭厅。在饭厅西墙有门通向西过道，而厨房就在这条过道的北端。原西耳房临近上房那间一分为二，西边那间是洗衣房，东边那间是过道。在这个过道临近通往后院那扇门的地方设有茶炉，茶炉上的热水管道分别通向厨房、洗衣房和卫生间。小跨院里的南房是从西厢房西侧接出来的，是另外一个卫生间。在卫生间里不但有上下水，而且有浴缸、抽水马桶和洗面盆。洗衣房不但有洗衣盆，还有水磨石的大型洗衣池，不但能洗而且能染也能浆。

在饭厅与厨房相通的过道里，靠西墙放置那台大木冰箱，与冰箱并排是两个上下分层的高大柜子。这两个柜子之中分别放置着成套的中西餐具、茶具、酒具，各种型号的煎锅、炒锅、钢锅、铁锅，大小不一的带盖不带盖的砂锅、砂鐾子，各式刀具、工具，像手动搅肉机有一大一小，还有手动搅拌器。至于像做点心用的木制模子、烤箱中的小烤盘以及一些不太常用的东西通常放在柜子的最底层，而上层摆放着像胡椒粉、番茄沙司、油咖喱、咖喱粉、生菜油等等中西餐用的调味品。除此之外还有各种干货。

紧靠厨房门口儿则是一个用木架子架着的大菜墩。

厨房里紧靠近西北角是一个大灶，上面有五个火眼，有大有小。还有一个坐在灶里的水罐可温水用。大灶的旁边有一个水池子，不但有上下水，而且有热水。水池子是用来刷锅用的，而在厨房临门的地方还有另外一个水池子，那是洗菜用的。

在厨房中洗菜用的水池子旁边是一个大型操作台，操作台的台面分为两层，两层之间可以放置菜刀、擀面杖。

那时家中还有福建厨师，但是家中的膳食已不完全是福建菜，那是因为这个家庭已居京数辈，数辈之中联姻的对方已不完全是福建人，既有来自南北诸省的，还有少数民族，各家的饮食习惯彼此融通。再者，祖父和祖母的个人经历，使得这个家庭较早地接受了西洋饮食习俗。来自各方的因素在不经意中相互影响，相互糅合，有机地结合在一起。

亲友中的老饕、"吃主儿"，会买会做的不乏其人。各家的家厨也有机会聚在一起相互切磋，取长补短，使这个家庭的膳食已成为集福建、江浙、上海、北京、蒙古以及西洋像英、法、俄等国家的风味的集合体。

这个家庭厨房的规模在当时完全可以应对中、西餐的需要。但是当时家里的这位厨工并不具备承办中西宴席的能力。

拜三会

　　有一种特殊的宴客形式曰："拜三会"。该会是指若干人，一般七八人以上、十余人以内的定期聚会，轮流做东。做东的那天或者事先预订菜馆，或者在自己家中由家厨主勺聚会。

　　这种宴客聚会的形式在旧时北京的一些行业之中、在一些阶层的人士之中颇为流行。选定每礼拜中的某一天，如果选定的这一天是礼拜二，这个会就叫"拜二会"，如果这一天选择在礼拜三就是"拜三会"。

　　当年祖父和居住在北京的福建同乡共十二个人设立了"拜三会"，按时间推算三个多月做东一次。这其中既有亲戚又有朋友，在张奶奶来到这个家庭以前"拜三会"已延续了好几年了。而每次祖父做东时，几乎没有去过外面的馆子，都是请一位居住在北京的福建名厨陈依泗来主勺。

　　当时，福建人常居北京的有百余人，他们在北京设立同乡会，并共同出资设立福建会馆。在这些人中，有的家有名厨，日常膳食以及宴客都由家里的名厨料理。可是更多的人家中并无家厨，或者是虽有家厨也并非名厨，平常还无所谓，而宴客之时必去福建会馆聘请当时居住在会馆里的那位同乡烹饪高手陈依泗师傅。

陈师傅有三个儿子，都跟在父亲身边学厨艺。其中长子，时年二十出头，并且已得了陈师傅的真传。因他长的模样有些像张学良，在福建同乡中大家都戏称他为"少帅"。陈师傅出外应聘总把"少帅"带在身边，一是为自己打下手，二是给他充分的学习机会。

张奶奶看在眼里，记在心里

张奶奶就是在我家聘请陈师傅到家来主勺时，有机会见识到陈师傅的厨艺的。张奶奶、我家的家厨、"少帅"一起为陈师傅打下手。张奶奶凭借自己原有的精湛烹饪技能，不敢错过一点机会。

张奶奶看，看在眼里，记，记在心里，不懂就问，虚心讨教，短短几年竟然得到福建菜肴的制作精髓。

这奇怪吗？其实并不奇怪。在中西菜系中，无论哪个菜系都有贯通之意，所谓一通百通就是这个道理。但是，这里面有一个前提，就是一通。如果不具备这一通，百通又是从何谈起呢？

　　另一方面，如果某人只是单纯地吃过、见过，严格地说，他还不能称为一个合格的"吃主儿"，那是因为他不会做。但是退一步说，如果某人没有吃过见过，他又怎么能知道什么菜属于美味佳肴呢，又以什么作为品尝珍馐美肴的标准呢？

　　在当时的勤行（厨业）有一句行话叫作"教会徒弟，饿死师傅"。当时徒弟和师傅学手艺，如果不是凭着绝顶的聪明偷学，不是愣豁出去烫手偷吃师傅做完菜时没有及时刷下去那点留在锅底的残汁，又怎能体会到师傅做出的菜究竟是什么味道呢？为了取得这第一手资料，他得付出多么大的代价呀！

　　这就不难看出，吃过见过是多么地重要。但如果某人只是停留在吃过见过，从烹饪的角度来说这个人是不会有什么建树的，可是如果这个人真有心去学习烹饪，那么他比起那些没有这个经历的人绝对有着得天独厚的优势。

　　"吃主儿"治馔一般分几种情况：

　　一种是根本不知道的菜品菜肴，也许是从来没有听说过的一种东西，也许是在某地吃过别人家制作的某种菜肴，也许只知道它的成品，而不知道它怎么做的，由别人介绍它入馔原料、制作方法及成菜的口感要求，熟记心中后在脑子里过一遍，有什么不太清楚的、不大明白的疑点再提出来，请人家再讲讲。最后从头至尾串一遍，就可以试制了。也许是一举成功，也许是还有欠缺，那么下次再改改，几次之后就可以做到八九不离十了。

另一种则是某款菜本来会做，但是别人用的方法和我的做法不一样。现在要按照他的做法去制作。比如，张奶奶给父亲制作炸酱，用的全部是甜面酱，制作清蒸甲鱼用淮扬菜的方法制作。这种情况有一个麻烦，就是必须完全按照一种全新的方法去制作，不能似是而非，不能显露出一点点以前做法的影子，否则都不能称之为成功之作。要做到这一点很不容易，稍不留神，就会重蹈旧辙，其难度难于新学的、原先一点不会的菜肴。

关于这一点，好有一比：它和临摹法帖颇有相似之处。自己写，随心所欲，只存在于一个写得好或写得不好的问题。可是临摹，关键是看与原作一样不一样。

在我祖母去世之后，家里发生了较大的变故，抗战时期，祖父失业回到家中，短短四年中，家中的佣工骤减，剩下为数不多的几个人。玉爷服侍深居简出的祖父并兼管内外的一切杂务。张奶奶接管已无任何厨工的厨房，成为一位名副其实的家厨。

父亲为主厨

"拜三会"这种宴席的形式虽然还是延续着，但治馔的已不是陈师傅，而是父亲和张奶奶了。父亲为主厨，张奶奶打下手。

虽然就餐的仍然全部是福建人，但是席上的菜肴都绝少有福建菜，这里有什么原因呢？"闽菜历来以擅制山珍海味著称，尤以巧烹琳琅满目的海鲜佳肴见长；并且在色、香、味、形、质兼顾的前提下，以'味'为纲，具有淡雅、鲜嫩、和醇、隽永的风味特色，在烹调派系中独树一帜。"（《锦灰堆》六九八页，生活·读书·新知三联书店出版）

虽然父亲是福建人，也会做福建菜，而且对福建菜体会入深。但是福建临海，福建菜是以"海鲜佳肴见长"。当时交通不便，再新鲜的海鲜运到北京，在上市的时候，它的新鲜程度还能剩下几成？

即便是陈师傅当年烹制福建菜，也只能是选用市场能见到的为数不多的、从南边来的还算新鲜的几种海鱼，如黄花鱼、比目鱼、海鳗，以及响螺、海蚌、黄蚬等贝壳类海产品，再选用一些上好的干货如鱼翅、燕窝、海参、鱼肚等，用母鸡和排骨制成高汤，选用福建特有的作料如红糟、燕皮、白酱油等等，用制作福建菜特有的方式烹制菜肴。

父亲认为，如果海鲜到了如此地步还不如用北京能轻易买到的新鲜的河鲜取代。这就是上席的菜肴绝少福建菜的原因。

每次的菜单都是由父亲草拟，通常要准备十几个菜，其中有冷盘四个，压轴汤一个，其余的以热炒为主，但也有可能在这其中还有一款普通的汤菜。在全部菜肴之中，时令鲜蔬约占三分之一，至于烹饪方法，有西餐也有中餐。中餐既有南方菜也有北方菜，五花八门。因为这是父亲根据自己的口味，把自己认为制作上得心应手的菜肴拿出来款待他的父亲和各位亲长的。

在拟定菜单中提到的"草拟"，那是因为拟选的菜单还要以从市场能买回的原料为准。就是在供货充足的当时，也不能肯定某种原料一定能从市场上买回来。另外一点就是和"吃主儿"的信条有关了。"吃主儿"买料选料讲究追求最高档次，宁缺毋滥，没买着上等主辅料，原拟的这款菜就要换作其他菜了。

虽然说治馔是父亲为主厨，菜单上的北京菜则由张奶奶负责，这毕竟是她本门的功夫。买菜则是父亲和张奶奶分头办理，有的时候玉爷也得帮忙。

按说，凭着父亲和张奶奶这两位厨师，做这十几个菜有什么忙不过来的，还要让玉爷帮什么忙呢？

这是因为现在的这位主厨他不是一个名副其实的厨工。这位主厨一看，说买的原料也差不多买齐了，对照着草拟了菜单儿：

冷碟四款：

　　白煮鸭肝　　松花蛋　　酥鲫鱼　　海米拌芹菜

热炒九款：

　　丝瓜炒鲜核桃仁儿　　青蛤汤　　　　芥蓝炒牛里脊

　　辣子鸡丁　　　　　　糟煨茭白　　　芫爆里脊

　　蟹粉熘黄菜　　　　　虾仁儿吐司　　干烧鱼

压轴汤一款：

　　清炖鸭子

　　根据已经买好了的原料，捋着往下一顺，确定明天要做的菜。再核对一遍，没什么问题。

　　父亲也不能老在厨房耽误工夫，他还有别的事要办哪，随口说了句："张奶奶，您先预备吧！"扭头出了厨房，走了。父亲想得挺好，明天喊哩喀喳一炒，不就得了吗？其实不这么简单。

张奶奶打下手

　　张奶奶首先要制作"酥鲫鱼""海米拌芹菜""清炖鸭子"；还得把明天用的香菇提前发上；"香糟酒"也得提前准备好，明天可直接用于糟煨茭白；还要把螃蟹洗好蒸熟，再剥出蟹粉。这是制作"蟹粉熘黄菜"的主料之一，剥蟹粉需要时间，明天再现剥时间太不从容，况且已经买来了上好的肥蟹，今儿个不蒸，夜里死几只，不就麻烦了嘛。

除此之外还有一件重要的工作要做，这项工作就是制作"高汤"。

高汤真得高

如果审视中式菜肴和西式菜肴两者之间制作方法最根本的不同是什么，不同就在于，中式菜肴中关于"高汤"的运用。中国菜讲究用"高汤"作为提鲜的手段。

在中国各菜系中，虽然制作"高汤"的方法不尽相同，同一菜系之中，用于制作不同品类、不同档次的菜肴所用的"高汤"也不尽相同，但是"高汤"是中国菜的基础。"高汤"在菜肴中起的是灵魂的作用，它非同小可，它无与伦比，甚至可以这样说，在中餐中是无"汤"不成席。

以前，家里的"拜三会"由陈师傅治馔。陈师傅带着"少帅"来的时候，都会带着他们已制好的、俗称为"二汤"的福建式"高汤"。

带着"高汤"来，有备无患，到这儿就能用。这也是因为陈师傅和"少帅"几乎每天行走于各宅治馔，所以常置备好高汤。"二汤"用半斤猪排骨，一只重二斤的母鸡为主。母鸡剁头去尽内脏，切成五大块，排骨剁成四块。锅烧水至沸，分别将鸡块、排骨块入锅氽，去浮沫儿。然后捞出控水，再放入瓷钵中，加绍酒、姜片儿、葱段，加开水一斤，盖上钵盖，隔水上笼蒸两小时，滗出汤后过罗，即为俗称"二汤"的福建式高汤。

根据次日治馔多少桌，头天预备几钵"二汤"。

据张奶奶所说，这种"高汤"只能用于福建菜中，如果用于其他菜中就不是味儿了。父亲也不爱用这种"高汤"。张奶奶和父亲都不认为它是真高的高汤。所以在家中由父亲做主厨或由张奶奶做主厨时都再没用过这种"高汤"。

现在高汤得自己预备了。

张奶奶就要做这个"高汤"了。这"高汤"之所以被称之为"高汤"，就是这种汤真得"高"。

如果汤不是真高，也许如果只是用了鸡架子煮一煮，或许是随便用几块骨头煮一煮，做出的汤是不能称之为"高汤"的。退一步说，如果真是上述原料还新鲜的话，虽然做出的汤添加在菜肴中达不到提味的效果，但是它还不至于有什么异味。如果选用的原料连新鲜都不能保证，或者原本还新鲜的汤存到现在已经不新鲜了，那可就要出大麻烦了，若是根本不用汤，做出的菜肴只是缺乏鲜度，那么加上这种汤，做出的菜可就有了怪味了，也就是当时有人称这种菜有刷家伙水味儿。这可不是危言耸听，旧时北京有的小馆子就出过这种事。

可是真要做高标准的"高汤"，还真不是一件容易的事。

当初的饭庄、饭馆常有厨师去某宅应外活儿的事，也许是堂会，也许是红白喜事，或是某某庆典，得办个三十来桌席。师傅去之前，头天先派个徒弟带着一个深桶到这个宅子制作高汤。徒弟通宵不眠，到第二天早晨，把做好的一桶高汤交给师傅，自己回家睡觉。师傅做菜时，全凭高汤提味，根本无须加味精。

这位徒弟熬夜吊制的一款"清汤"，也不是家庭中所能备用的。那是因为制作被称之为"清汤"的"清"字的代价可就扯了（北京话"没边儿"的意思）。要达到这个"清"字，得用鸡脯肉剁成茸调制而成的"白俏"，用鸡腿肉剁成茸调制而成的"红俏"，分两次下到锅里。锅里的原汤此时已晾温，坐在火上先把"红俏"下入锅中，用手勺搅动。等含有"红俏"的汤要开不开的时候，汤中的鸡腿泥，也就是"红俏"，从锅底漂在汤面上，用漏勺捞出去，弃之；再把这锅汤晾温，再把"白俏"下入锅中，方法同上，最后也用漏勺捞出弃之，这时的汤才能称之为"清汤"。

这鸡腿肉和鸡脯肉只用于这个"清"字。而原汤则是用肥鸭一只、整鸡一只另加两只去了鸡脯的鸡、三斤猪肘子、三斤猪骨煮制而成的。

这是什么样的用料，什么样的吊制方法，它能不鲜吗？但是它能随便在家制作吗？最要命的是以上用料为制作"清汤"的最小用量，它不能再减少了。再减少也就不能称为"清汤"了。

如果某宅要操办几十桌席，有这么一桶高汤，并不为过。可是家里烹制几款菜用点高汤，就来这么一桶，也没这个必要呀。再者，也没法保存，那不是糟践东西嘛！

可是这位徒弟制作的高汤和他所供职的饭店所常备的高汤比，还显欠缺。那是因为饭庄里常备的高汤不但有这位徒弟制作的被称为"清汤"的高汤，还要常备被称为"奶汤"的高汤。

这两种高汤不但用料不同，吊制方法不同，而且在用途上也不同。清汤可普遍用于各种菜肴之中，而奶汤只能用于汤菜之中。二汤齐备也正是这些名庄名馆烹制各种菜肴根本无须加味精，成菜又是味极鲜美的原因。

张奶奶做的高汤，充其量也就是清鸡汤，也许是清鸭汤或者是清肉汤。在这其中以吊制清鸡汤居多。这三种汤与"清汤"那当然是不能比拟的，但是它已经达到了高汤的要求，起码比鸡架汤鲜醇多了。

要说一味地追求最高级，那是不现实的。况且所谓高档的高汤"清汤"，在中国菜的诸多高汤中，也并非是最高级的高汤。同是山东菜系的孔府家宴中用的高汤，就比"清汤"又高多了。它是由三只肥鸡、三只肥鸭、三个肘子、九斤猪后腿骨分成三等份，依次在锅里放入一份，加葱、姜、盐等作料开锅后撇沫儿，煮两小时后，把锅中所有原料捞出别用，取三次煮成的汤晾凉后撇去浮油，再用一斤鸡腿肉做成"红俏"，一斤鸡脯肉做成"白俏"，汤再加温分别下入二"俏"，最后把捞出的二"俏"再拍成肉饼，推入汤中再吊一小时，等二俏的鲜味全部融入汤中之后，再捞出弃之，过滤。这样吊好的汤称为

"三套汤"。

所以还是一句话，适可而止。

清炖鸭子

张奶奶把清炖鸭子也炖上了。这个菜比较容易做，就用一只三斤多重的光肥鸭，拾掇好了之后，放在砂锅里，把可用的内脏、鸭心、鸭肝及鸭胗冲洗干净也放在锅中，同时加一块四五两重的金华火腿，水发香菇、冬笋块、葱、姜、绍料全放砂锅中，将开未开时撇浮沫儿后，改小火约炖两小时，汤上浮起一层鸭油，汤清味醇，鸭肉酥烂。离火自然冷却后，放入冰箱，只等次日加热即可上桌。

酥鲫鱼

酥鲫鱼是一款凉菜，做时又较费力费时，必须提前做好。这酥鱼的选料是每条重一两的鲜活小鲫鱼，做一砂蓝子，得用二十条。还要买一捆大葱，把葱剥去外皮去根去叶，只取葱白，比着小鲫鱼切成和小鲫鱼等长的段。同时要用发好的海带，下锅氽一下捞出，卷成葱段粗细的海带卷，再用泡软的马莲菜把海带卷两头捆上，否则海带卷就会散开。那时家中有瓷碗或瓷盘不小心摔碎了，都会把这些瓷片儿洗干净保留起来，这些个碎瓷片儿已成为有很多用处的炊具。把砂蓝子最底层垫上一层瓷片儿，使有弯的一面朝上。

小鲫鱼去鳞、去鳃，从鳃下顺着鱼腹开口儿，取出内脏。千万可别把苦胆弄破了！把鱼肚子里用水灌洗干净后，再用洁净的布把鱼内外水揾干，放一边备用。

先把海带卷在砂钵子底的瓷片儿上码上一层，在海带卷上再码一层葱段，然后把小鲫鱼肚子向上头向锅边排满一圈后，鱼上再码一层海带卷，海带卷上再码一层葱段，葱段上再如刚才码鱼的方法再码一圈鱼。全码完之后，加入绍酒、香醋、酱油、白糖、姜片儿，放在旺火上煮，将开撇浮沫儿。然后用一个大圆盘子压在鱼上，盖紧砂钵子盖，放在微火上焖四小时后，把钵子盖打开，加入香油一小杯，把钵子盖上，继续在微火上焖一小时，离火。此时酥鲫鱼已做好。这个菜只需注意一点，就是鱼是让葱、海带、醋、绍酒、酱油中的水分焖成的，没有加水，所以火候一定要注意。这个菜也需自然冷却，然后放入冰箱，次日可直接装盘上桌。

海米拌芹菜

海米拌芹菜也是头天制作第二天入馔的菜肴。

这是一款凉菜。芹菜的选料还是北京人俗称"铁秆芹菜"的那种长秆芹菜。按说西芹肥嫩吧，但西芹太宽，一是拌时需改刀，又不易入味，故此不能用。香芹倒细，但是正因为这"香"字不能选用。如果用香芹炒肉末儿倒不失一款美味，其芹香佐以肉鲜，那能不是美味吗？但是海米拌芹菜中的芹菜只取其清香爽口，它的配料是小海米，是用小海米的鲜味提升只有清香味的芹菜的鲜度。如果是香芹，要命的是这个"香"颇为浓郁，必会冲淡海米的鲜味。这又是何必呢。

品种选定之后，还要选有黄嫩心的大棵芹菜。这样的芹菜与那只有两三根芹菜梗的小棵芹菜还有不同，不同就在于大棵芹菜的黄嫩心是包在外面的菜梗之中，其鲜嫩程度胜过小棵嫩芹。

择菜时，要把外面的梗尽数除去，只留下黄嫩菜心部分。再逐根把芹菜上部带菜叶的那段掰除，逐根从菜梗两端择去菜筋，再掰成长约两厘米的小段。择菜时把择好的芹菜按嫩和极嫩用两个容器分别盛放。

用优质小海米二十来个，海米上若还有斑驳的虾皮残留的话，要放在手心剥剥搓搓，然后拢手一吹把海米弄干净，放在碗中，倒入绍酒，以没过海米为度，坐蒸锅，开锅上笼蒸二十分钟后取出备用。

锅中加水坐在火上，水沸后焯芹菜，光焯嫩的，断生即捞，控水放在大碗中，再焯极嫩的。焯这部分芹菜得特别注意，那可是刚下即捞，入锅时间极短，稍长即软，那就算是废了，切记，切记。用漏勺控水后放在刚才控好的嫩芹之上。

因焯芹菜的时间很短，蒸好的海米还有点烫手，趁热倒在芹菜上拌匀。拌时加味精、糖少许，最后加盐调味，全拌好后，自然冷却收起来，次日再用。

水发香菇很容易，只把香菇放在容器中，加适量的热水，盖上盖儿即可。这里要解释的只有"适量"二字，水太少发不开，水太多把香菇味都泡在汤里也不行。

香糟酒

明天还要制作"糟煨茭白"，今天还要先制"香糟酒"。

我国糟的品种有多种，这些糟的使用方法各有不同。用于糟熘、糟煨的糟为香糟。制作香糟酒的本身并不麻烦，麻烦的是制成的香糟酒不易保存，即使放在冰箱中也保存不了几天。临时制作又不现实。它必须提前一天制作，所以要注意的是需要多少做多少。

用一个高桩的碗，倒入半碗香糟，先加热水少许，用勺子把香糟在碗壁上碾压，使其中块状物全部碾碎成为酱状，之后倒入像古越龙山、陈年花雕等上等绍酒，加盐少许，再用勺子搅拌。用碟子把碗口盖上，置放十二小时。最后，用几层白纱布过滤出的汁水就是"香糟酒"。

白煮鸭肝和糟煮鸭肝

"白煮鸭肝"也可以提前制作。这款白煮鸭肝需要买白色的新鲜的鸭肝，很容易做。当天做不是不行，但不从容。头天制好，放入冰箱，第二天食用，绝不会影响它的新鲜程度。

鸭肝作为凉菜有两种做法，加香糟的叫"糟煮鸭肝"，不加糟的叫"白煮鸭肝"。刚才不是还制作了"香糟酒"了吗？又不是没有糟，为什么不做糟煮鸭肝呢？那是因为同席之中不能有口感雷同的菜肴，您说它是约定俗成也好，您说它是有什么讲究也好，反正是中国菜成席的一种规矩，在任何成席中都是这样的。

白煮鸭肝非常好做。选用白色的鸭肝，并非因为这样的鸭肝特别嫩，而是在于它制作出来的颜色漂亮。用一个砂蛊子，放入洗好的鸭肝，加葱段、姜片儿，倒上一些绍酒、盐，加凉水直接放置火上煮。煮至将沸撇浮沫儿，改小火煮十几分钟，端锅离火。

如果是制作糟煮鸭肝，只不过是把绍酒改换成香糟酒即可。制作的方法以及要求的火候则和白煮鸭肝完全相同。

这两款菜做成之后，都需要连汤自然冷却，如果暂时不用，则要在冷却后存入冰箱。现上桌现把它用筷子从汤中夹出来，用切熟食之砧板和刀改刀切成薄片儿，盛盘上桌。

今天该预备的差不多全预备完了，就差蟹粉没剥了。但是明天现剥也太不从容了，还是早剥出来踏实。张奶奶再把蟹粉剥出来先存在冰箱里。

玉爷还得帮忙

张奶奶把该头天预备的都预备好了。该晾的晾，该冰的冰，一切都进行得有条不紊。可是有些上席所需的原料必须当天准备，如"丝瓜炒鲜核桃仁儿"，所需要的丝瓜和鲜核桃仁儿，辣子鸡丁所需用的活鸡，"芜爆里脊"这个菜所需用的香菜，和"干烧鱼"所需的活鱼，以及"青蛤汤"里需要的火焰儿菠菜。

这些原料、配料和作料，在货源充足的当年，是每天都可以在市场上买到的。为了保证它的新鲜程度，提前预备是不行的。

在这次治馔中，父亲作为主厨，就等着全预备好了之后大显身手，能让他再买东西去吗？张奶奶还要对原料进行处理，该择的择，该切的切。她有时间再去买东西吗？就因为这个，把玉爷饶到里头了。

玉爷紧忙活

玉爷出去不大工夫就回来了。五六棵带着红根的菠菜、一小把嫩香菜、一条活蹦乱跳的草鱼和一只煺好了毛的笋鸡。他把买回来的东西放在厨房里，跟影儿抄起一个水盆倒上水先把青蛤洗两和，再放一盆清水把青蛤倒在水盆里就上院子去了。不一会儿，玉爷又进了厨房，手里拿着七八条嫩丝瓜和十几个去了青皮的嫩核桃，说了句："张姐，我给您把核桃归置出来吧。"说着话用胰子透透洗着手，从抽屉里拿出锤子，又把青核桃放在一个盆里，拿上一个碗又出去了。

青蛤是一种海生蚌，以肉嫩著称。必须头天买，买来就得用水泡着，泡一天一夜，得多次换水，以去沙。不这样不行，泡一天一夜它也未必能把泥沙吐得差不多，制作时还得有一道工序专门用于去泥沙，所以并无大碍。青蛤汤的配菜，红根菠菜，属于嫩菠菜，至多半天就蔫，绝不能早买。芫爆里脊中用的香菜也是一样，也得现用现买。

活草鱼更是如此。草鱼是一种每天都可以买到的活鱼，没必要早早备下。如果头天买来，还没用就死了，那就得不偿失了。草鱼既能做干烧鱼又能做糖醋鱼，虽然这两款菜口感相差甚远，因为它们所用主料相同，也是不能同席入馔的。这次要做的是干烧鱼。

在买鱼时，只要说我买一条什么鱼的"盘鱼"，卖家一定会给您挑一条重一斤半左右的鱼。这是为什么呢？因为当时有一种餐具，这种餐具亦可零购亦可包含在整套中餐餐具中，那就是一种叫作"鱼盘"的盛鱼专用餐具。它是一个椭圆形盘子。当然，鱼盘也有大小之分，但是，标准鱼盘只有一种，也只有这种鱼盘可直呼为"鱼盘"，比它大的称之为大鱼盘，比它小的称之为小鱼盘。

这种鱼盘的尺寸和当时做菜用鱼的规格有着密切的联系。当时人们认为，无论河鱼海鱼，是整条入馔的鱼，其重量在一斤至二斤之间，放在鱼盘中，或是稍不盈盘，或是头尾略出，总之差不太多。鱼过小，刺多肉瘦，不够吃不说，口感还欠佳；鱼过大，肉质粗老，亦不合适。即便是大而鲜嫩的鱼，它可切块制作瓦块鱼，可切片儿制作鱼片儿，亦可斩茸做鱼丸，但绝没有整条入馔的。

万事没有绝对的，就像江苏人做清蒸鲥鱼就突破了两斤的限制，使味道更美。

至于那只煺好了毛的笋鸡是辣子鸡丁的主料。烹制这个菜讲究用活鸡现宰现做，当然得当天现买。这个菜用的鸡有两种，其一是当年的嫩母鸡，现宰归置干净把鸡脯剔下来切丁制作；另一种则是选用小笋鸡，现宰归置干净，带骨切丁烹制。如果为了吃着方便，那要按前者制作；但要追求口感鲜嫩爽滑，则要选择后者。当年父亲烹制本菜两种都曾体验过，不过就他本人口味来讲，偏爱后者。看来这次也是如此了。

菜单中头一样丝瓜炒鲜核桃仁儿中的丝瓜和鲜核桃仁儿不用买，都是院子里自有的。要摘外面青皮已有裂口儿但尚未完全脱落的青核桃，太嫩不行，太老也不行。

选丝瓜要选瓜条直溜通体深绿，并且外皮起着皱褶的嫩丝瓜。去皮时要把丝瓜平放在砧板上，用破碎的瓷碗片儿作为刮皮的工具。用一只手按住丝瓜，另一只手捏着这块瓷片儿，压在丝瓜的顶端向下刮，把外皮刮去，注意只能刮去外皮，而不能深刮剐去内皮，要使整条丝瓜去皮之后还是通体碧绿。丝瓜稍老一点，或是稍蔫一点，要做到这一点根本没有可能。从把丝瓜摘下来，洗净刮皮，切滚刀块到下锅，也有时间限制，时间长了影响鲜度。

去掉核桃青皮，可不能把里面的核桃壳摔裂了，也不能上手掰，手给染黄了倒不怕，就怕青皮的汁水把里面的核桃仁儿染黄了，所以只能悠着劲儿往地下摔几下，再用脚虚踩着摔烂了青皮的核桃，在地上来回搓，把外皮搓下去。还得注意，不能把核桃壳弄裂了，一裂这个核桃就废了。这道菜是取丝瓜碧绿，核桃仁儿雪白，炒后绿白相间的美感。核桃仁儿被染黄了，自然不能要。把搓干净青皮的核桃放在水盆里漂洗，把上面的泥尽数洗去，然后用粗布把核桃逐个儿擦干净。剥核桃仁儿要整个儿的，所以砸核桃的时候也得特别小心，别把核桃仁儿砸伤了。这时的核桃还很嫩，剥出的核桃仁儿上还包裹着白色的外皮，还得把这些皮一一去除，才是一个个儿包着嫩黄色外皮的核桃仁儿。到了这一步，还不是胜利在望的时候，这时候，首先要把剥出的核桃仁儿用水过几遍，同时要认真洗手，至少用肥皂洗三遍，因为刚才那一系列操作，手上粘的黏液不这么洗是洗不掉的。取一个碗倒上清水放置一旁，用一根绗被子用的大号长针，用手捏着针尖的一头儿，用针鼻儿那头轻轻划核桃仁儿上的黄皮儿，把它划破，再把皮挑起来，使它能用手指捏得着，小心地捏着这点破皮儿，把外皮从核桃仁儿上撕下来，撕断的地方，再用针鼻一点儿一点儿往外挑，直至把外皮全剥干净。剥完皮还要把整核桃仁儿从中间分成两半，然后把它泡在清水里。如果稍不留神，就可能把核桃仁儿在撕皮的过程中撕碎了，哪能不扫兴吗？

这不，玉爷又回来洗手来了，这回洗了老半天。可是张奶奶看见了玉爷那手指上染上的黄色，都洗五遍了，还没洗下去，赶紧说："您就放这儿吧，我剥里头的皮吧。"玉爷走了，他又忙其他事去了。

主厨出马

正在这时候，走马换将，主厨来了。到这儿一看，差不多了。张奶奶在玉爷买东西、摘丝瓜、剥核桃仁儿这会儿工夫，可干了不老少活儿。牛里脊片儿已切好了。

芥蓝是南方来的鲜蔬。南方芥蓝和北方芥蓝的不同在于，南方的比北方的底端粗大，整株脆嫩。但同是南方芥蓝也有老嫩之分，底端粗大也有限度，过于粗大也不可能鲜嫩脆生了。

把芥蓝洗干净，逐根把芥蓝拿在手上，从顶端开始，把前头的嫩尖用手一块一块揪下来。到了中间，已不是鲜嫩部分了，就把每片叶子上的嫩尖揪下了，逐根择完后，左手把芥蓝反着拿在手中，使底端朝前面，用小刀从底部开始把芥蓝梗上带纤维质的外皮片下来。全部片完之后，其中芥蓝中间部分的偏老叶柄从株体上劈下来弃之。把择好的芥蓝逐根切成斜片儿，把择好的两部分芥蓝分装两个容器中备用。

猪里脊丝也切好了。猪里脊也是昨天买的。从冰箱取出撕去筋膜、蹾去底筋，切薄片儿后又改刀切成细丝，放在一个碗中。不用说这是芫爆里脊的用料。

茭白已经剥好，雪白，短粗，脆嫩，已把下面老的部分全切下去了，此时正泡在清水里，以保持脆嫩。这自然是糟煨茭白的用料。

那五六棵菠菜带手已洗好了。菠菜是洗好了，菜根可没全去。还保留一小段去了须根的红菜根，这是怎么回事？那是因为应了那句"红嘴绿鹦哥"，取菠菜本身的红、绿二色放在青蛤汤上润色而用，增加成菜的美感。

嫩香菜也择好了，并且切成了细段，这是用于芫爆里脊的配菜。同时还有一个小碗里面有用滚开水泡的十余粒花椒，这泡的是花椒水，水不多，只是以没过花椒粒寸许为度。这花椒水也是本款菜的另一配料，它的作用是成菜既要有花椒味，又没有花椒粒，从而避免了食用本菜时吃到花椒麻着嘴。等花椒泡二十分钟之后，滗出来的水就是花椒水。

那条活蹦乱跳的草鱼已经拾掇完了。张奶奶弄个鸡、弄个鱼都是轻车熟路。别瞧我这说着这么麻烦，真要操作起来也不过一会儿工夫而已。

活草鱼放在砧板上，先用刀平着在鱼头上拍一下子，鱼晕了。去鳞、去鳃，开膛去内脏，用清水把鱼里外冲洗干净。控水后用洁净的干布擦拭，使鱼里外不滴答水。把鱼平铺在砧板上，使鱼头在右，鱼尾在左。用刀从鱼尾开始向鱼头方向每隔两厘米，刀向右倾斜呈七十五度角坡着剞一刀，刀深至骨，依次向鱼头方向下刀。这面剞完把鱼翻个儿再剞另一面。这回是制作干烧鱼，如果制作的是糖醋鱼，它的前期准备也和以上程序完全一样。

那只小笋鸡也归置完了。带骨的鸡丁放置在一个碗中，碗里既有去了鸡头、鸡脖子、鸡爪、鸡屁股的带骨鸡丁，也有同样切成小丁的鸡心、鸡肝、鸡胗。在这碗鸡的旁边放置一小碗柿子椒丁。

至于放在桌子上还有好几个碗，分别盛放着水淀粉、绍酒、糖、盐、味精、姜末儿、葱末儿等和那碗花椒水。

青蛤最后一步准备工作已经完成。张奶奶把盆里的青蛤又洗上几和，倒在锅里，加清水没过青蛤许多，足有多半锅。加上葱段、姜片儿、绍酒，放在火上煮。锅将开，撇浮沫儿，大开之后又滚了两次，把锅从火上端下来，晾着。等稍凉之后，您会看见青蛤全开了口儿，锅中的汤变成了略呈青色的乳白汤汁。用筷子伸入锅中，逐个儿夹起开了口儿的青蛤在汤中来回涮动，把青蛤里面残留的泥沙涮干净。随后夹着它在锅边控一控放在旁边的一个大碗里，随即夹起第二个、第三个，如果还有个别没有开口儿的青蛤，一定要把它夹出扔掉，这种青蛤很可能是死了的，当然弃之不用。全部青蛤夹出之后，再把葱段、姜片儿也弃之不用。最后把锅放置约十几分钟，使汤内含有的泥沙全部沉在锅底，再小心地把锅端起来，往外滗汤。这个动作不能用力过猛，否则沉在锅底的泥沙又会泛上来。滗汤到接近锅底的时候，就停止了。因为再往外滗很可能把泥沙也滗出来。这滗出来的汤就是待会儿用于做青蛤的汤。

在桌子上，还有一盘用白面包切去四边，又改刀切成的小方块。这是制作虾仁儿吐司的配料。

这个菜是父亲最爱做的菜肴之一。据父亲讲，这个菜起源于二十年代的上海，和罗宋汤的起源颇有相似之处。

说它是西餐不合适，外国人没有这么做的，说它是中餐也不合适，因它的名字是英文"toast"的音译，意思是烤面包片儿。当年在上海很有几款这类不中不西或者叫中西合璧的菜肴。其实看开一点，管它是什么餐呢，总之它是一款选料方便、制作简单、口感极佳的菜肴。

虾仁儿要求很低，无论是袋装冰冻虾仁儿还是散货小海虾仁儿均可。买回来洗净，择去虾泥线，用水洗上几和，控干了水，倒在砧板上，用刀斩成虾泥。斩虾泥时用清水在虾仁儿上淋少许，这样既不会粘刀又容易成泥。把虾泥盛在碗中，再加入用生荸荠数个去皮剁成的碎末儿，加胡椒粉、姜末儿、葱末儿、鸡蛋清、干淀粉用筷子搅匀，最后加盐调味。这盐可不能早加，若是早加先杀出汤来，就给制作增添了麻烦。

走菜的学问大了

父亲在厨房中巡视着，再看灶上，捞饭已经上了笼，正在那儿蒸着；那装着清炖鸭子的大砂锅靠在灶边；还有昨天做好的高汤，也化了冻。这不是齐了吗，待会儿就开做。

张奶奶在这会儿工夫又把丝瓜刮去了皮，洗净切成了滚刀块。鲜核桃仁儿剥好不少了，半个半个的浸泡在清水碗中，雪白雪白的。张奶奶戴着花镜拿着那根大针，还在聚精会神挑着撕着那嫩黄色的内皮……

父亲洗干净手，也系上一个大围裙。他马上就要动手炒菜了。正在这会儿，玉爷已经换好了那身浆洗过的中式裤褂，那块怀表依然放在内衣口袋里，问了一句："现在摆桌吗？"父亲说了句什么，玉爷就奔饭厅去了。

饭厅里那个椭圆形的大餐桌铺着雪白的桌布，餐桌旁立着那十二把高背的餐椅。每个座位前放置着小餐碗、餐盘、一个调羹和一副筷子。饭厅后墙上通往厨房那个窗户打开了，那四个冷盘就是玉爷从这个小窗户的托板上端到餐桌上去的。五六个松花蛋用刀切牙儿放在盘中，鲜姜去皮切成细丝、撒在切好的松花蛋上，再倒点好酱油就做好了；而白煮鸭肝已切成片儿，海米拌芹菜也改成盘装的了，酥鲫鱼码在盘子里，还有去了马莲草的海带卷和整段的葱。

一阵喧哗，祖父和"拜三会"就餐的朋友们从客厅穿过那条过道已在餐桌旁落座。

虾仁儿吐司

厨房里，张奶奶正往骨牌似的面包片儿上抹着虾泥，把虾泥全部罩在一面上，薄薄的一层。旁边那个盘子里都是待炸的，已抹好虾泥的面包片儿。油锅坐在火上，父亲站在灶前，一只手拿着一副长长的筷子，另一只手拿着漏勺，逐个儿下锅，不大工夫，父亲已把虾仁儿吐司做好了。张奶奶把这个菜的盘子放在木托盘上，玉爷端着托盘向饭厅走去。

这个菜做到把全部虾泥抹在面包片儿上的时候，已经完成近九成了。炸的时候只需要温油下锅，先用筷子把抹有虾泥那一面放入油锅，使虾泥在面包片儿上固定，随即翻个儿炸另一面，两面焦黄，用筷子夹出来放在漏勺里控出余油，即可码在盘子里。这个菜按正规做法还应该在虾泥上撒点洋火腿末儿和一片洋香菜叶。这回不知是缺货还是什么问题，没这两样，不过也不妨碍它的口感。

芥蓝炒牛里脊

下面该做芥蓝炒牛里脊了。先把牛里脊滑了，里脊断生后倒入漏勺里控出余油。再把炒锅坐火上，锅热倒油，油热之后，先把芥蓝片儿倒入锅中，加姜末儿、绍酒翻炒数下后，再倒入芥蓝嫩叶继续翻炒。随即倒入已控完油的牛里脊片儿，加高汤，随油温升高，快速颠翻炒锅，加盐、糖、味精少许。锅离火，出锅盛盘。

这个菜到最后下芥蓝时，炒制时间很短，因为芥蓝讲究脆口，时间稍长就不是成功之作了。玉爷又用托盘把芥蓝炒牛里脊端走了。

辣子鸡丁

下面该做辣子鸡丁了。先取一个碗，把葱末儿、姜末儿、味精、绍酒、酱油、盐、糖、高汤、水淀粉加入碗内对汁，搅匀后放置一边备用。油锅置火上，下上好浆的鸡丁，用筷子快速拨散，使鸡丁滑熟至嫩，随即下入柿子椒丁，立即倒入漏勺控油。把锅再坐火上，倒入底油，油热之后，倒下对汁，烧开后，汁中泛出鱼眼泡，把滑好的鸡丁及柿子椒丁倒入锅中，颠翻炒锅，使锅中鸡丁及柿子椒丁均匀着汁，然后出锅盛盘。

做这个菜，张奶奶告诉过我，对汁时要注意水淀粉用量，过少则太稀，太多则太稠。再有就是底油要适量，油多了挂不上汁，油少了汁不油亮，食之无味。底油热后，倒入对汁只有在开后汁水泛起无数小油泡才说明对汁及底油均合适。如果真做好了这个菜，那是肉香骨鲜，滑嫩利喉，是一款非常可口的菜肴。从口感来讲，比用鸡脯切丁制作的辣子鸡丁略胜一筹。

所谓辣子鸡丁并无辣子，也许就因为搁了柿子椒才叫这个名。真有点不可思议。

芫爆里脊

芫爆里脊也是马上要上桌的菜肴。用高汤、胡椒粉、花椒水、绍酒、盐、味精对成汁。待油温，下入上好浆的里脊丝，随即用筷子快速把里脊丝拨散。里脊丝断生后倒入漏勺里控出余油。炒锅再坐火上，油热倒入姜丝、葱丝、蒜片儿爆锅（这"爆锅"就是这些作料下在热油锅中"欻"地一响），随即下入香菜段、里脊丝和对好的汁，颠翻炒匀，出锅盛盘。

这个菜还有一个名字叫作"盐爆里脊"。值得注意的是，本菜对的汁是没有淀粉的，那是因为这个菜的成功之作讲究的是成菜清爽。如果对的汁添加淀粉，与本菜力求达到的效果相去甚远，可就画蛇添足了。

以上三款菜肴都在成菜之前有过油滑这一步骤，都有用水淀粉和鸡蛋清上浆的这一程序。值得注意的是水淀粉加多少才叫合适。初学过油滑制，又没有老师的指导，往往不能理解如何上浆，也不能体会到什么样的浆才是薄浆。

上浆，实际上是要在被滑的原料表面挂上一层薄浆，水淀粉浓度高，挂的浆不可能薄，但是一味地少加淀粉，原料是不可能均匀着浆的。那样儿极有可能造成原料表面有的地方有浆，有的地方无浆，在过油滑时，没有浆的地方直接与热油接触，势必变老、变硬，是不可能滑好的。所以在这一程序中都有原料在水淀粉和蛋清中抓捏至匀后，用一只手拢住原料，另一只手把碗立起来，把多余的浆水控出去的过程，它的目的是只让原料蘸有极薄的一层浆。这样上了浆的原料才可能在过油滑制之后保证断生且嫩。

干烧鱼

上席的菜品，除凉菜和压轴汤外，讲究有荤有素。上菜的顺序则是先荤后素，先腻后爽。在具体上菜时，哪道菜先上，哪道菜随后上，哪道菜最后上，都有讲究。以本次菜单来讲，最先上的当然是那款最油腻、最挡口的虾仁儿吐司，随后上的芥蓝炒牛里脊、辣子鸡丁和芫爆里脊。这三款菜虽然口感相差甚远，原料也各不相同，但是它们同属用肉类和蔬菜烹制的菜肴。就因为这个原因是它们随后上菜的理由。下面再上一款鱼。此时食用这款鱼，可使就餐者口味一新，起到事半功倍的作用。

干烧鱼是按江南治馔方式烹饪的。本菜的主料，那条活草鱼，张奶奶已经归置好了。父亲在鱼的两面以及剖开的刀口儿里蘸上干淀粉，然后把这尾鱼提溜起来抖一抖，把多余的淀粉面抖下去，放在温油锅里炸。炸完一面再翻个儿炸另一面。翻个儿的时候要一手持锅铲，另一手持筷子，把鱼架起来翻个儿，否则，鱼极有可能从中间断开。鱼炸到两面焦黄时，放在一边备用。

把锅再置火上，倒入底油，底油不能太少，下入肥瘦肉丁煸炒，炒至肉丁发白后加入郫县辣酱，再翻炒几下，下姜末儿、葱末儿、绍酒、味精、盐、糖、水淀粉、胡椒粉少许、水发香菇丁及玉兰片丁。再煸炒一会儿，用大汤匙扛三大匙高汤倒在锅里。此时锅中的汤汁已有多半锅。汤汁沸后，把炸好的鱼从锅边轻轻推入锅中，改用小火爩。用长柄铁勺不时地从鱼身与锅壁之间扛汤汁往鱼身上浇，使汤汁浇在鱼身以及剞开的刀口儿浸入鱼肉，使其入味。随扛随浇，还要用锅铲小心地平推鱼头，使鱼身顺着锅壁移至锅的一侧，鱼头浸于汤汁之中，用长柄铁勺扛汤汁浇在鱼头上。等鱼头又浸透汤汁之后，双手又持一个锅铲，再把鱼轻抬轻移，回到刚下锅时的位置。

以上这样做法的目的是让鱼身入味，亦让鱼头入味。但是，进行这一步骤时，极易把鱼弄碎。所以做这一步时，务必拿捏好分寸，千万不要顾此失彼，因小失大。

锅里的汤汁随扛随少，这正是一个收汤的过程。汤汁愈少，浓度愈高，底油愈显。锅中的变化则是汤汁愈来愈亮。这个时候，就是即将离火盛盘的时候了。

在实际操作中距离盛盘的时间有可能只是一秒两秒。所谓掌握火候，掌握的就是这个分寸。也许提前个一秒两秒汤汁还略显多；也许滞后了一秒两秒就汤汁殆尽。变化之快，使人瞠目，所以这个火候必须注意。前辈张友鸾说过这样一句话："有经验的厨师，能使眼睛看、鼻子闻、耳朵听来辨别火候，那些用舌头去尝菜味的，已落下乘了。"（《中国名菜集锦·北京菜概论》）本人认为这句话很有道理。因为这款菜在收汤时正应了"用眼睛看"这一条。在汤汁还能用铁勺扛得起来，汤浓油亮时，就是端锅离火盛盘之时。如果汤汁少得连用铁勺都扛不起来了，虽然锅里目前汤汁的量还似乎合适，但是，端锅离火盛盘的过程中，锅是热锅，还在进一步蒸发水分，汤汁还在减少，盛到盘中汤汁就不够了。

糟煨茭白和青蛤汤

祖父和他宴请的亲友们尚未吃完这条鱼，一款汤菜已经上桌，空气中散发着一阵沁人心脾的香气。这就是糟煨茭白。

父亲把茭白纵向一剖为二，用刀把茭白拍碎，拍成不规则的碎块。

香糟酒加高汤，加姜汁、盐、糖，下锅烧开，随即下茭白碎块，开锅勾薄芡。再开时即离火倒入大海碗中，茭白碎块尽浮汤面，妙就妙在糟香之中有清香，弥觉口爽神怡。

这款菜，父亲的制作方法和厨师的正规做法有很大的出入。厨师的正规做法是，茭白下汤锅前先在开水中略煮，然后晾晾，在高汤中加香糟酒和其他作料煮时，再下煮过的茭白，用旺火烧沸之后，再移至微火上煨二三分钟，再用旺火勾薄芡……如果按厨师的正规做法做这款糟煨茭白，是能体现这个菜中的"煨"字的。而按父亲的制法烹饪，似乎不能叫作"煨"菜，因为他是把香糟酒和高汤加作料放在锅中煮，下入茭白碎块，锅刚开就下水淀粉，勾薄芡，再开随即离火盛碗。在这其中并不存在"煨"的程序。

这到底是怎么一回事？对于这个问题，我产生了一种假想。为证实这个假想是否成立和父亲进行了探讨。果不其然，这种假想果然是成立的。

这到底是为什么呢？那就是父亲偏爱茭白本身的那股清香，在烹制过程中，唯恐这淡淡的清香在加热中散去，所以他既免去了先煮，又免去了"煨"。他是按照自己的爱好变通了传统的烹饪方法，强调的是"妙在糟香中有清香，仿佛身在莲塘菇蒲间。论其格调，信是无上逸品"（《锦灰堆》七一五页，生活·读书·新知三联书店出版）。

厨师的正规做法突出的原则是"茭白脆嫩"和"糟香四溢"，不可否认，这种做法所制菜肴是一款名馔。

而父亲作为一个"吃主儿"，也许他做的菜不是名馔，也许他的做法和正规做法大相径庭。但是他可以尽情地随心所欲地发挥，做他喜欢吃的菜肴，追求他想达到的意境。这难道不好吗？

本款汤菜刚刚端上餐桌，另款汤菜已经即将完成。那就是青蛤汤。

父亲把煮好的青蛤放入砂锅，倒上煮青蛤溲出的原汤。把砂锅坐在火上，扎上两大汤匙高汤倒在砂锅里，加葱段、姜片儿、绍料、盐，把洗好的菠菜选用一两棵下到锅里。开锅后加味精少许，随时离火，用大汤匙把汤盛在大海碗中，盛汤时把葱段、姜片儿用筷子夹出去弃之，即可上桌。

在食用汁浓油亮的干烧鱼后，再食用不同口味、不同感受的两款鲜汤，使各位食家的味蕾为之一振，形成极大的反差。这正是上菜顺序的成功所在。

以上两款汤菜在制作中也有需要注意的要点，前款汤菜勾的薄芡。不谙此道的人往往不知道这薄芡是怎么勾的。其实这个方法极为简单，只需端起盛放水淀粉的那个碗，用手指稍稍在碗底划动一下，沉淀在清水中的淀粉会随着手指的划动泛在水中，使原本透明的清水变成乳白色的淀粉浆。把这淀粉浆倒入锅中，煮沸之后即为薄芡。

至于制作后一款汤菜青蛤汤所需要注意的问题，有两个方面。一是去沙，二是去腥。

青蛤的口感以鲜嫩著称。在当时是一种价格极其低廉的海蚌，通常是很随便地堆在货摊上出售，壳外都是泥浆，蚌体内有很多泥沙。所以至少要提前一天把它买回来，把外壳彻底洗干净，养在水盆里，给它充足的时间开合排沙，否则，青蛤根本无法食用。

去腥是另一个要注意的问题。青蛤是一种海蚌，也可以把它视为一种海味。凡是用海味烹制的菜肴，在具体烹制过程中既要除去海味的腥味，又要保留海味的鲜味。这看似矛盾的问题，解决起来却很容易。

在第一次下锅煮的时候，既是去沙的最后步骤，又是提取鲜汤的一个程序，加葱段、姜片儿、绍酒都是要达到去腥的目的，在煮的过程中，葱、姜、绍酒的味道溶入锅中，使汤第一次脱腥。这次下的葱段、姜片儿已经发挥了作用，所以捞出弃之。第二次煮青蛤时，另下葱段、姜片儿、绍酒是为了进一步脱腥。

对于制作本款菜，它的原料只不过是一种活体的海蚌，倘若用名贵海味作为烹饪制菜肴的原料，去腥的方法那是复杂极了。在去腥过程中不知要用多少葱、姜、绍酒，经过多少次脱腥，才能把腥味彻底去掉。

如果去腥做得不彻底，任凭用的是多么名贵的原料，调制时加入多么高的高汤，做出的菜肴是"金玉其外、败絮其中"，这样的菜肴，哪儿还能美其名什么"名馔"，它根本不堪入口。

蟹粉熘黄菜和丝瓜炒鲜核桃仁儿

蟹粉昨儿就剥得了，做蟹粉熘黄菜已经很简单了。

父亲用一个大碗，磕上三个鸡蛋，用筷子打散，再打成鸡蛋液，倒入高汤，加葱末儿、姜末儿、蟹粉、绍酒、糖、盐、味精、水淀粉少许，继续打匀。

炒锅坐在火上，倒入底油，底油要多一些。油热，把大碗里打匀的鸡蛋液倒入锅中，用锅铲抄底翻一翻，避免巴锅，开锅之后，看看芡是否合适，如果芡还欠一点，再用水淀粉找补找补。再开锅时，端锅离火盛盘。

玉爷把蟹粉熘黄菜端走不久，丝瓜炒鲜核桃仁儿马上又要出锅了。怎么这么快呀？那是因为本款菜对火候要求比较严格，稍慢一点就要"失饪"。这"失饪"是厨家术语，意思是过生或过熟的意思。这个菜过生不大可能，过熟却是初学者常犯的毛病。

父亲是这样做的：把泡在清水里的鲜核桃仁儿用漏勺捞出来控着水，锅坐火上，放油少许，油热，倒入鲜核桃仁儿，稍稍过过油。随即倒在漏勺里控油。炒锅重置火上，倒入欢油，油热下丝瓜、核桃仁儿、姜末儿、绍酒、盐、糖，加高汤少许。随油温升高，快速颠翻炒锅，加味精，随即离火出锅，盛盘。整个儿一个脆快麻利。

值得说明的是，这两款菜肴是整席中最经典的两款菜。前者是以"鲜美"著称，后者则是"清爽"的典范。蟹粉熘黄菜的口感鲜美且醇厚，是其他菜肴无可比拟的。如果早早上席，必然影响到在它之后菜品的口感，从就餐者的角度出发，则会感觉蟹粉熘黄菜之后的菜肴食之无味。

万事没有绝对，有的菜品上菜时间定在其后，却有意想不到的效果。这里指的当然是丝瓜炒鲜核桃仁儿了，它在宴席中起的作用是清爽至极。

在旧时北京这款菜多见于宴席之中，因为如果单独食用这款菜肴，可谓是清爽有加而口感不足，而用于宴席之中，它的作用则是不同凡响。

在这之后，只剩下压轴汤了。这个汤上桌，也不用另行盛碗了，只需把砂锅坐在一个大瓷盘上就可以直接上桌了。

这款汤无疑是一款美味的鲜汤，可是它在席中的出现，却颇有"看"菜的意思。哪位食家还有那么大的食量？也就是盛上半碗汤，喝上一两口溜溜缝，意思意思而已。

提起宴席，按常理所想，不定得多奢华呢，实则并非如此。就本次宴席而言，所有入馔的原料，哪样儿又能沾上名贵的边呢？顶贵的也就是鸡鸭鱼肉了。可是在制作之中，该吃火候的吃火候，该吃工夫的吃工夫，搭配得当，照样可以取得意想不到的效果。整席之中，先荤后素，先腻后爽，菜品口感起伏跌宕，从始到终奉献给各位食家是一种美的享受。

忆吃蟹

我小时候，并不喜欢吃蒸鱼，无论是清蒸白鳝、清蒸甲鱼兴趣都甚少，而唯独对清蒸鲥鱼还颇有兴趣。我之所以对清蒸鲥鱼颇有兴趣，只是因为我觉得清蒸鲥鱼的味儿有点像蒸螃蟹的味儿。

蟹粉可比蟹粉菜好吃

我最早吃到的蒸螃蟹，是在张奶奶剥蟹粉的操作中。每年秋天，螃蟹旺季时，张奶奶都要买来肥蟹，上笼蒸熟，再剥出蟹粉，给祖父做菜。

我对这些蟹粉菜并不感兴趣，感兴趣的是制作这些菜肴的半成品——蟹粉。所谓蟹粉，就是螃蟹经蒸后剔出的蟹黄、蟹肉的统称。剥制蟹粉一般来讲是个很费工、很麻烦的活儿，如果不具备一定的经验，要想剥出蟹粉是根本不可能的。

张奶奶每回要剥的时候都要戴上老花镜，预备好砧板、菜刀、筷子和一根银制的小钎子，所用的家伙一应俱全。张奶奶干这个活儿可是一门灵。谁让张奶奶是个"吃主儿"呢。当年在家的那当儿，上正阳楼吃螃蟹还少去了？正经（读音同"井"）是个吃过见过的主儿。到了这个家（我家），又和父亲学了不少剥蟹的技巧，干这个，不算什么，一边剥一边还给我讲故事。

就这段，甭管讲过多少回，每回还都得详详细细地再讲一遍。老人家慈眉善目地对我说："你不是知道《白蛇传》这个故事吗？这个和尚就是法海。许仙让法海蒙到庙里去了，白蛇可急了，她得救夫君哪，就水漫金山了。法海也急了，俩人打起来了。法海哪儿打得过白蛇呀？得，赶紧跑吧，白蛇就追。法海让白蛇给追得什么似的，走投无路，看见有个螃蟹就钻到螃蟹壳里去了。"张奶奶这会儿不是又把那个沙囊给提溜出来了吗？把螃蟹黄从这上头一点点拨拉下来，还得留神别把它挑破了，要不然，沙囊里头泥沙流出来，沾在黄儿上，也吃不得了。把刮干净了的这玩意儿（沙囊）从当间撕开，放在碗里，用水把里头的泥沙洗干净。把囊皮儿往两边一翻，里头是个坐在椅子上的小和尚。

我对这个不感兴趣，感兴趣的是张奶奶剥腹甲。张奶奶像猜到我的心思似的，跟我说："待会儿，剥出肉来，你可悠着点儿，要不做菜又不够了。"这是怎么一回事呢？这是因为我虽然最早吃过的螃蟹是和祖父一起吃的张奶奶用蟹粉制作的菜肴，因为觉得螃蟹很好吃，就对剥蟹粉发生了兴趣。在张奶奶剥蟹粉时，有一次趁她不注意吃了一块剥出来的蟹肉，我觉得它太美味了，这么好吃的东西干吗不直接吃呀？还拿它做什么菜呀？做出什么菜也没直接吃味儿好哇。

　　张奶奶把腹甲里的蟹黄剥完之后，再用刀把腹甲从中间切成两块，拿起其中一块把它的两边的凸茬切下去，再把它竖直立在砧板上，用刀直劈到底把它分成两片，其中一片可以直接剔肉。"洗干净手了吗？"张奶奶问我。我早洗干净手了，正拿着碗等着哪。张奶奶把容易剔肉的那片腹甲递给我，再把另一片不好剔的，竖着用刀找补找补，往蟹粉碗里剔肉。我则用一根筷子把腹甲里的肉挑在小碗里。玉爷不知什么工夫把一碗姜醋汁递到我手里，还直说："蘸点汁吃，要不吃了胃寒。"这吃蒸螃蟹讲究蘸姜醋汁，可是嘴急，有时候没它也凑合了。张奶奶那片还没剥完。我又要用筷子夹剥出的螃蟹腿肉。张奶奶说："这不又切开了吗，就别吃腿了。"她又把那半边腹甲切开了，递在我手里……要说我小时候爱吃蟹粉，也不确切。我最喜欢吃的是从腹甲里剔出的蟹肉，它那一条条细嫩的白肉儿，可好吃了。它比从蟹钳里剥出的肉儿嫩，比蟹腿儿里剥出的肉儿香，至于螃蟹黄儿更没法跟它比，尤其是团脐蟹的蟹黄一疙瘩一块的，跟鸡蛋黄儿似的，更没什么好吃。

每当我在厨房吃螃蟹的时候，张奶奶都会跟玉爷说："您瞧瞧，他爱吃这个，跟先生（指我父亲）一样一样的。这没跑，以后准是个'吃主儿'。"这句话我不知道听过多少遍了。自从我添这个毛病之后，每次要做螃蟹菜时，都要比以前多买不少只，要不然，这菜还真没法做了。

其实再多买，我也没吃痛快过。待会儿还要跟祖父一块吃饭，蟹肉吃多了，挡了饭，玉爷和张奶奶也（和祖父）交代不了。最重要的是，这么点儿的孩子，吃那么多螃蟹，真要是克化不开，那还不麻烦了？

可是甭管怎么说，我总算尝到了这种美味，似乎也感觉到了，父亲也是非常爱吃蒸螃蟹的人。

只凭手和口剥螃蟹的方法就是后来父亲手把手教给我的，那是五几年，我大约只有八九岁。用这种方法剥螃蟹，速度之快令人惊叹。剥出的螃蟹皮干干净净、整整齐齐，绝对不会再带着吃不干净的地方，也不可能再有残留在皮里的肉丝。

螃蟹的选购、洗刷、捆、蒸以及和螃蟹有关的其他各方面的知识，都是在学会自己剥食螃蟹之前就掌握了的，而传授我这一切的都是玉爷、张奶奶。

人工养殖螃蟹是近十来年的事儿，以前北京，其实又何止是北京，从辽东到江南，国人所食用的河蟹都是野生蟹。

"高粱红"不如"胜芳"

　　螃蟹是一种食用季节性很强的东西。"七尖八团"，我早就听玉爷、张奶奶说过。可是那时候，我毕竟年纪太小了，不论（读音同"客"）几月，只要是想起来，就让玉爷买螃蟹去。那天还飘着雪花哪，可上哪儿买螃蟹去？玉爷告诉我，这螃蟹可不是什么时候想买都能买得着的东西。这冬天冷的时候，螃蟹都在河底下泥洞里闭嗉哪。"闭嗉"这个词我可懂，凡是冬眠的动物，不吃不喝就叫"闭嗉"。这虽然是一句北京土话，可是您细琢磨，这个词还真有个意思。老北京人认为甭管什么动物都和鸟儿一样，都有食嗉。"闭"着食嗉，不就是不吃不喝吗？它又死不了，那不就是处于休眠状态吗？甭说螃蟹闭嗉了，青蛙、长虫，包括大狗熊冬眠了，老北京人都管它们叫"闭嗉"了。

　　那什么时候才能买着螃蟹呢？玉爷为此给我讲了一个故事："高粱红了的时候。河边上的高粱红了，马上要打籽儿了，河里的螃蟹可就知道了。是谁告诉它们的？是河里的老螃蟹。螃蟹也和大雁一样，你没听说过大雁有头雁吗？螃蟹也有头蟹。它每年都在高粱熟了的时候去地里吃高粱。头蟹鬼着哪，它知道哪块地里的高粱最着吃，就跟小螃蟹说好了，今儿个晚上就带你们去。到了晚上，头蟹就带着大大小小它的子子孙孙们横行排着队奔了高粱地啦。到了地里头，用大蟹钳子一夹，高粱秆从根上就折了。大伙是吃这红红的高粱穗。吃饱了，喝足了，下半夜头蟹再带着它们打道回府。种地的庄稼人在螃蟹回去的路上用竹劈儿编成的帘子插在河沿儿上，弄个横档儿，横档儿前头再点着一盏马灯。这马灯里头有煤油捻儿，外面有玻璃罩子罩着，多大风也吹不灭它，给螃蟹照亮。"每回玉爷讲到这儿，都得找补一句，"虫子、蛾子不是都追亮吗？螃蟹也是一样，这些玩意儿没有不追亮的。它们认准了回家的路，就得从这儿走。庄稼人蹲在一边等着，等头蟹翻过横档儿，从第二只开始逮，把它们抓起来放在蒲包里头。头蟹可不能逮，要把它也逮了去，以后可就没有带路的了，往后也就逮不着螃蟹了。"

这故事讲到这儿，并没有讲完，如果我要问玉爷，要逮螃蟹为什么不在它去高粱地之前逮呀？玉爷定会这么说："那可不成，人哪儿能那么损哪。前清那当儿，每年秋审的犯人出红差（处决）还得给一顿绝命饭吃，螃蟹好歹是条性命，它出红差（蒸熟后全体红透）哪儿能不给饱吃呢？"

玉爷讲的这个故事，我小时候还听别人讲过，可见它在当时流传得颇为广泛。但是这个故事里提到的蟹簖，其规格和用法与南方产蟹区不甚相同。南方在江河捕蟹，是用竹片编成帘状，高丈余，插在江河之中。竹片有弹性，它不影响行船，还可以捕蟹。至于有没有头蟹和能不能逮头蟹就不得而知了。

在北京，如果把螃蟹和红高粱联系在一起，当然指的是每年秋天最早上市的、北京城南马驹桥以及京东一带出产的"高粱红大螃蟹"。

当时北京市场上最好的螃蟹当数"胜芳大蟹"。这种螃蟹的产地是白洋淀水系周边区域，泛指河北省雄县赵北口、霸县胜芳镇等地所产之蟹，其中以胜芳所产的为品质最高，也最有名。

高粱红大螃蟹上市最早，胜芳大蟹上市比前者晚几天。后者比前者好，是因为它们生活的环境不同，后者比起前者看着干净、出眼。胜芳蟹壳青腹白，个儿大且肥。虽说讲究的是七尖八团，但万事没有个绝对，五十年代中期有那么三四年，十一月十几号了，往往螃蟹上市已近尾声了，又有大蟹从沙河运来，奇怪的是个个儿都是顶盖肥的尖脐，绝无团脐。可是也就来这几年，后来竟绝迹了，不知是何缘故。

吃蟹去什么馆子

一般情况，盛产期是中秋至重阳，各产蟹区用蒲包装着螃蟹，每包约重七八十斤，日夜兼程运往北京。当时北京前门外西河沿菜市场内有个螃蟹批发站，是个著名的螃蟹集散地。这个"站"之所以著名，不仅仅是因为吞吐量大，最主要的原因是北京的大饭庄、各菜馆的采买都以这个批发站为首选采购处。他们采购的螃蟹以胜芳大蟹为主。根据本庄、本馆所入馔的菜肴选购上等螃蟹。如用于清蒸必选尖团两脐中的"冒尖货";如用于制作酿蟹斗,则要选用大小相同的尖脐或团脐;如要剥制蟹粉,大小倒不必相同,但必须是肥蟹。总之,他们采买的螃蟹必须是"顶盖肥"的。至于用于清蒸的"冒尖货"最为难得,要在很多包中挑选才能把货买齐,当然价格也会高于统货。买回之后用高粱饲于大缸之中,以免"落肥掉膘",以便高来高走卖个好价钱。

当时以蟹入馔的,以经营江苏、上海、淮扬等风味的南方馆子见长,很有几款入馔的时令菜。在各庄馆经营的这些菜肴中又是风格各异、各有千秋。据张奶奶讲她吃馆子的经验,要吃炒蟹粉,得去金鱼胡同西口儿吉祥戏院附近的五芳斋;吃酿蟹斗,则要去旧东安市场稻香春楼上的森隆饭庄;要吃蟹黄狮子头和蟹黄鱼翅则要去锡拉胡同内的玉华台;而蟹黄包子则要去位于西单十字路口儿后改名为镇江饭庄的同春元……张奶奶每每说起正阳楼,都会回想起在闺中和父、兄去吃蟹的情景,和丈夫去那里的情景,以及无限思恋,无限遐想……

这些南方馆子用于清蒸的螃蟹是根据顾客的要求,几只尖脐,几个团脐,按只论价,现蒸现吃。备好姜、醋、白糖配成的作料,以便蘸食。清蒸后上桌,再来一瓶陈年花雕,用于驱寒暖胃。这是何等的享受!但是一般南方馆子是不备剥蟹工具的,全凭顾客各显其能,随意剥食,似乎是美中不足。

备有食蟹工具的饭庄,是位于前门外肉市内的正阳楼饭庄。这是个山东馆子。每年秋季的蒸蟹在众庄馆之中堪称一绝。首先是供应的螃蟹又肥又大,据说该饭庄在西河沿螃蟹批发站选的是"最尖货",尖脐必七八两,团脐也在半斤以上,进货之后用芝麻粒催肥数日后再卖给顾客。备有的剥蟹工具是被当时人们称为"蟹八件"的专门工具,据说起源于明代。原先有锤、镦、钳、匙、叉、铲、刮、针八件,后来又再加上四件,凑成十二件。在剥蟹过程中可以用工具剥食各部分,大大方便吃蟹的客人。还备有银箸、银叉、银匙,既能剔剥又能试出蟹毒,吃着肥蟹,喝着黄酒,用完了,还备有放着茶叶、菊花瓣的洗手盆,以便洗去手上的腥味。对北京人来讲,在这里吃螃蟹,是多么好的享受。

在家吃蟹才是最高享受

在北京有不少人偏爱团脐,买蟹时就千叮咛万嘱咐要求只要团脐,因为团脐虽然个儿小,但壳内蟹膏饱满。蒸时有时要和大块姜同时上锅蒸以去寒气。

蒸熟上桌,一家人围坐桌前掀去蟹壳,去掉不能吃的草牙子、鳃、心等等,蘸着姜醋汁,也有加点蒜蓉的,边吃边饮黄酒,用以抵蟹的寒气。吃着那满壳橘黄色的蟹膏,块块鲜香无比,一家人其乐融融。吃完蟹膏,牙口儿好的再把腹甲及螯腿庞大的部分掰成小块,像吃甘蔗那样,大嚼喀咂一通,也尽得鲜香留齿。但大嚼之中务必小心。破碎的甲壁有的非常尖利。稍不留神，便会刺破口腔。至于好饮之人，则翻找一两块还好剥的部分，边剥边饮，细细品味，别有一番情趣。

而真正有条件的、讲究饮食文化的人家儿，吃螃蟹则又是另外的情景了。在自家四合院里，花厅之中，设置桌椅。厅外菊花绽放，家里备有全套的食蟹工具，斟上陈年花雕，一笼肥蟹端上来，饮酒，品蟹，赏花，吟诗，这种品味，这种意境，似乎才是吃螃蟹的最高享受吧。

挑蟹：掂分量、掐大腿

以前到了螃蟹的旺季，卖螃蟹的商店可太多了。可是要想买到上品还不能不去大菜市场和水产专营商店，像当时的五大菜市场，什么东单、朝内、西单、菜市口和西河沿，专营店则是著名的西四鱼店——这里的货来得多，挑选的余地大。

在这些菜市场之中，朝内菜市场是后建的。最早的时候，去东单菜市场多是张奶奶带我去的，那时我还太小，主要还是个旁观者。真到了能自己下手挑选的时候，那都是在朝内菜市场了。此时，我早已学会怎么挑螃蟹了。

螃蟹在货到之后，把蒲包打开倒在大木桶里多半桶。鲜活的螃蟹在落入木桶那一刻起，就争先恐后地试图爬出逃命。其中仰入桶中的螃蟹迅速地翻正了身躯，竭力爬向最高点，以便用爪尖钩住桶边爬出去。螃蟹大小不一，尖团共挤，引来不少欲购的顾客驻足桶边，想亲手挑选，又不敢轻易下手，便七嘴八舌地呼唤售货员。有要大个儿的，有专要团脐的，售货员听三不听两忙不迭地招呼着。

我挤到桶前，先往桶里瞟一眼，桶里的状况尽收眼底。用手从容不迫地伸向桶内一只大蟹的后面把它抄在手上掂掂分量，再顺势在蟹腿上掐一掐，感觉一下它是否坚实。一会儿工夫，已抄过四五只了。随口喊了一句："同志！给我称这几个。"售货员拿起称货的抄子。我把挑中的螃蟹一一放在抄子里，随放随挑，不大工夫抄子里已有十余只大蟹。所挑的螃蟹个个儿硕大、鲜活、强健，或尖或团都是大木桶内众蟹之中的佼佼者，而且尖、团数量比例大约是二比一。几乎都是全螯全腿的，只有个别特大蟹缺个一足半螯。旁边的顾客看我如此会挑，不由得为我支招："您要大的，还不把它拣上。"我说："那只不行，还没长瓷实哪。"和我说话的顾客茫然不知所云，而售货员心里明白：来了个会买的。

只有知道了螃蟹的习性，才能做到得心应手。在大木桶中，群蟹挤挤揸揸。那是因为鲜活的螃蟹都想踩着其他螃蟹的背向上爬，爬到最高处好翻出桶沿逃生。您看那些螃蟹八条腿向身体两侧张斥着，双螯的螯头钳部大张向前方伸着，一副挡我者亡的架势。您如果从它前面伸手抓它，它会认为您是敌手，不夹您夹谁？您要从它侧面伸手抓它，它会向相反方向加紧逃脱。只有从后面伸手，一来前螯、侧腿鞭长莫及，更重要的是，顺势把蟹托起，正合它站高逃生之意，它怎能夹您哪？

有买螃蟹经验的人，对于螃蟹尖团两脐多大的肥蟹该是什么分量，已经烂熟在心中，随手抄起一掂便知道了。至于掐蟹腿时您一定要注意，掐的部位非常重要，必须掐在或右或左侧最后两条腿的大腿。因为这两个部位是蟹螯钳头最不易伸向的部位。如果掐其他部位，往往会被蟹钳夹着手。

掐蟹腿当然是试一试壳甲是否坚硬，蟹肉是否充盈。因为必须知道，只有壳甲坚硬、掐之不动的螃蟹才是成熟期的螃蟹，分量沉重壳甲坚硬的才是"顶盖肥"的螃蟹。

至于那位为我支招的顾客给我指点的那只大蟹，全螯全腿，个头儿硕大。可我已经上手掂过了，该蟹分量稍轻，蟹腿偏软。出现这种情况的原因有二：该蟹也许落网过早，缺吃少喝，掉肉落肥；也许是成熟期偏晚，壳甲内尚未饱满。两点居其一，就此落选。顺便说一句，买主把原因不一的种种不够标准的瘦蟹通称为"没长瓷实"的螃蟹。没有买蟹经验的人是很难从活蟹之中区分出瘦蟹来的。

没长瓷实的螃蟹蒸熟之后，好一点儿的，蟹油蟹膏不能盈壳、蟹螯蟹腿稍空，口感欠佳，但尚可食用；次一点儿的，壳体和螯腿颜色偏浅，壳腹及螯腿甲壁酥脆，稍一着力非裂即断，壳内蟹油蟹膏量少而稀，蟹肉瘦瘪；更有甚者，壳内油膏皆无，如同空壳，不堪食用。

还有一点需要特别注意。死蟹绝不能吃，以免中毒。一般卖家随手已把死蟹——挑出扔掉。麻烦就出在垂死但尚能爬动的螃蟹身上。这种螃蟹爬动无力，神态茶呆，其中很有一些分量沉、个头儿大的螃蟹。如果不慎买来蒸熟，掀开壳您就会发现，膏油蟹肉尽被污染，污秽一团，根本不能食用，买来这种螃蟹是很扫兴的。

洗捆蒸，备作料

把螃蟹放置在水桶之中，大开水龙头，用水倾冲蟹身，换水数次后，再用清水冲洗几遍。将蟹体上泥浆大部分冲洗掉。下一步该逐个儿进一步涮洗了。

用一只手掐住螃蟹背甲的两侧，这样掐住的螃蟹已控制在您手中，任凭它螯腿张屈也不会夹着手。用长柄板刷和硬毛小刷反复刷、洗、涮，直到把泥沙全清洗干净，尤其是螯腿、脐部以及其他容易藏泥沙的地方。再冲洗几遍就完成了洗蟹这一步骤。

捆蟹是蒸蟹必不可少的一个程序。怎么捆呢？掐出一只螃蟹，把它按在砧板上，把两个蟹钳、两侧的蟹腿拢在蟹腹甲下面压住，此时螃蟹就跪伏在砧板之上了。把事先预备好的一段小线（一种当时市场上极易买到的纯棉粗线）的一端交在按蟹那只手中，按蟹的那只手把线头用手指在蟹的背甲中心按住，捆线围绕着蟹身把蟹螯、蟹腿环绕几圈，把它捆紧，先竖后横把螃蟹的蟹体十字交叉捆绑，结扣于背甲正中。这样它在上蒸的过程中不会顶盖逃跑，更重要的是在蒸熟的过程中，螯腿不会因蟹受热在挣扎中掉下来。在下面吃蟹的过程中您就会知道这一步的重要性了。

螃蟹已捆好了，准备其他事宜也就不必分心了。北京人认为最正宗的作料，无非由三种配料组成：去皮姜末儿、镇江米醋、白糖。姜末儿越细越好，因为粗姜末儿是不容易出味的；选镇江米醋，这似乎是一种俗成的讲究；白糖只加少许。这三种调味品要分别用三个小碗盛放，每个碗里备一个匙。为的是每一个食者根据自己的口味任意加减，调制最适合自己口味的作料。

为了驱寒可以饮用黄酒，好饮之士不妨准备上好的花雕、古越龙山等等。

食蟹后用于驱寒的是姜糖水，用鲜姜去皮，切数片儿，加上黑糖（非一般的红糖，是以前北京市场上常见的一种颜色深黑的红糖），加水放在锅中煮沸。等煮好之后端离火，放置一旁。等最后吃完蟹后，加热再喝。

就餐的人围大餐桌而坐。桌子正中放置一个大盘，是放置剥剩的蟹皮用的。每人面前放置一个大号餐盘，这是食蟹的各位用于盛放熟蟹用的，剥蟹全在盘上操作。旁边放着自己按口味调制好的作料碗。另外每人还备有一副筷子，基本形同虚设，至多预备一把消好毒的利剪，以备不时之需。

大蒸锅已经开了，把捆好的螃蟹背甲朝上码放在笼屉上，注意只码一层不要重叠，否则受热不匀无法计算时间。

码放完毕盖上锅盖，看表以确定揭锅的时间。这时间是蒸蟹的一个关键。过早则欠火，过晚则肉质变硬、油膏流溢，所以时间一定要掌握好了。蒸蟹时间长短由两个因素构成，一个是蟹的大小，一个是火的大小。以前炉火多为煤火，以旺火来说，包括现在用的天然气、煤气，蒸单重七两以上大蟹五六只，时间掌握在二十分钟，到点准时揭锅。

乐趣莫过于自剥自吃

吃螃蟹讲究现蒸现吃，如果剩下熟蟹是不能再作为蒸蟹食用了。即使是再蒸也没有这种吃法了。晾凉的熟螃蟹只能用于剥制蟹粉。

记得当年父亲在教我剥食螃蟹时还给我讲过一个故事，说在江南有一对老年夫妇，嗜食蒸蟹。二老对坐桌前，对剥食之，等蟹吃完，二人之间的蟹皮高叠，竟然不能对视，也可能是二位老人身量矮点儿，但是食得如此之多，剥食速度之快，都是令人惊叹的。

吃蟹和吃其他菜肴还不甚相同，其中最重要的一点是，吃螃蟹的最大乐趣莫过于自剥自吃。如果自己不会剥，全靠别人帮着剥，那吃蟹的乐趣也就没有了。别瞧，在北京会这么剥的人不太多，但是在全国各个产蟹区，尤其是在江南十分普遍。

在叙述剥蟹之前必须声明的是：文中所涉及的螃蟹各部位的名称和叫法可不是动物学家们所讲的术语。下面提及的螃蟹壳体内的器官、名称、功能以及壳体内可食部分的科学名词，"吃主儿"也是不知道的。

我介绍的"吃主儿"对螃蟹各部位是这样称呼的：整蟹大致分为三部分，分别是壳体、螯（一对）和腿（四对）。壳体的外盖叫背甲，长有脐盖的部分叫腹甲。"吃主儿"把一根螯可视为四部分。最前头的那节叫"蟹钳"，和蟹钳相连的那节叫"钳把儿"，再下面一节叫"三棱儿"，在"三棱儿"和腹甲之间的那小节叫"关节"。蟹腿可分成五部分，最前头那节叫"爪尖"，和"爪尖"相连的那节叫"小腿"，再往下一节叫"半截腿"，与"半截腿"相连的那节叫"大腿"，"大腿"和壳体之间的那小节叫"关节"。

蟹腿有四对，在螯下面的那一对蟹腿叫"短腿"；以下的那对腿叫"粗腿"；第三对蟹腿叫"长腿"，最后一对腿叫"细腿"。

跟着"吃主儿"学剥蟹

蒸熟的螃蟹通体红透，热气腾腾，无法下手。怎么从锅里把它拿出来？这很简单，那就是因为刚才捆蟹时"结扣于背甲"的用处了。就餐人通常是一手端着桌边自己面前的大餐盘，用一根筷子伸进结扣的扣眼，把蟹挑起来，餐盘凑上去，放置盘中。

第一步先解捆绳。松绑之后，整蟹跪伏盘中，按住蟹背甲正中，依次把因捆绑蜷曲了的蟹腿用手捋直了，一一从壳体上掰下来。掰的顺序为先掰"细腿"，再掰"长腿"，再掰"粗腿"，最后掰"短腿"。把腿全掰下来后，再把蟹螯掰下来。

掰蟹腿，应用手捏着"大腿"向腹甲的后上方掰；掰蟹螯，要捏住"三棱儿"向腹甲后上方掰。只有这样才能带着"关节"从壳体上掰下来。可是为什么非要用这种手法呢？那是因为连同"关节"掰下来的螯、腿上，都有一小块从腹甲里带出来的蟹肉。"吃主儿"知道螃蟹每段肢节的头上都长着两根白筋，伸入在它上一肢节之中。

从腹甲中带出的一小块蟹肉就是被"关节"头上那两根白筋在掰动时带出来的。用这样的手法对于"吃主儿"来说是易如反掌。他持腿为柄，像食用餐叉上的食物那样，蘸完作料吸吮口中。旋即下一条腿，随剥随吃，只是他两手翻飞，动作奇快，八块蟹肉吮食完毕只在顷刻之间。可不要小看这几块蟹肉，它既是不谙此道之人最不易剥食的部分，又是"吃主儿"认为最高品质的蟹肉。因为"吃主儿"认为，腹甲中的蟹肉是全蟹各部分蟹肉之中最白嫩、最丰腴、最甘美的部分，必须先食为快。

在吃完这几块蟹肉后，"吃主儿"是不会马上剥食壳体的。因为以上这一系列动作，速度非常快，壳体内的热气尚未散去，并不好下手。

"吃主儿"一定要把那两条"长腿"挑出来，把头上的"关节"咬下去。用左手捏紧"小腿"，右手上下掰动，把"爪尖"顺势向外抽出，以"爪尖"和"小腿"的壳壁完好为基准，因为在全蟹之中，可充当剥蟹辅助工具的肢节只有这两节，它们是在全蟹之中最长的一对"爪尖"和一对最长的表面最平滑的"小腿"。这两样工具不但能在剥食本只蟹中使用，也能用于剥食其他的螃蟹。

食用其他三对蟹腿时就不必小心翼翼了。放心大胆，该掰的掰，该抽的抽，抽出肉来随口吃掉。抽不出来也无所谓，有这两样工具在手，任何一节中的蟹肉都可以用它们捅出来。只是在捅的时候稍稍注意，要把工具顺棱插入被捅的那段肢节，否则是捅不出来的。

手法正确、工具得心应手，把全部蟹腿完全吃也用不了多少时间。下一步该剥蟹螯了。

螯的最前头那节"蟹钳"是螃蟹用于取食和自卫的。尤其是尖脐的蟹钳，从整蟹外观来看，非常醒目抢眼。那毛茸茸的钳体庞大、粗壮，明显粗壮于其他几段肢节。

钳体内肉极厚，自古为人所爱食。《晋书·毕卓传》："右手持酒杯，左手持蟹螯，拍浮酒船中，便足了一生矣。"宋梅尧臣《凝碧堂》诗："可以持蟹螯，逍遥此居室。"

"吃主儿"对于蟹螯的剥食程序是这样的：左手的拇指和食指分别捏在蟹钳的外侧和内侧。这实际上是用左手把蟹螯翻个儿后捏在手上，右手捏住"钳把儿"，注意避开上面的尖刺，左手持平，右手往下反关节一掰，掰下蟹钳时就有可能把"钳把儿"里的肉抽出来。

再用左手捏住"钳把儿"，右手捏在"三棱儿"那节上，也是左手持平，右手反关节往下一掰，"钳把儿"的顶端就有可能把"三棱儿"中的蟹肉带出来。

蟹钳是状如钳，但蟹钳与钳子的构造是不同的。蟹钳靠壳体一侧的那根钳刃与钳体为一整体，外侧那根钳刃在基部长着一个小关节，在小关节的下面长着一片白色坚挺如圆形树叶状的骨质甲片，插在钳体之中，以小关节成为钳轴，外侧的钳刃开张自如，而内侧钳刃挺直不动。

"吃主儿"用左手拇指和食指捏紧内侧钳刃的两侧，右手捏紧外侧钳刃的两侧，当然也不能捏在钳刃上，否则那锯齿般的尖刺会把手刺破，一定要捏在钳刃的两个侧面上。捏紧之后双手向两边用力掰开。在手力的作用下，外侧钳刃连同小关节及插在钳体内的骨质甲片，把包含小关节那部分钳体的壳壁挤碎，使它破壁而出，把骨质甲片上的蟹肉从钳体中带出来。若是直观，带出来的这部分是一大块蟹肉，但在蘸料食用时他非常小心，因为他知道这块蟹肉分上下两部分，中间以骨质甲片为隔，在甲片的两面都是白色条状集束肉丝。蘸作料吮食的时候，这两面的蟹肉丝是不会轻易从骨质甲片上嗍下来的，它有点像贝类的闭壳肌附在贝壳内壁上的意思。"吃主儿"都是采用先轻轻嗍嗍，然后用保留工具之一——爪尖的尖部在骨质甲片的两面细细刮下肉丝，刮时还很小心，因为如果刮力太猛能把甲片边缘碰碎，使肉丝中混有破碎的甲片。最不可取的是在口中使劲儿嗍食，因为那骨质甲片的边缘又薄又脆，极易断裂下来。那碎片硬不可食，有的碎片还很尖利，蟹肉没嗍干净，碎片先在口中添乱，往往连已嗍下的蟹肉都不能吃到就得吐掉。

现在还剩下蟹钳的另一部分，钳壳壁已剩下很短的一小段。把封闭钳壳的棱边用牙咬掉，两手分持，两边一掰，就把剩余的蟹肉弄出来了。

有些事说起来很有意思。如此盛名的蟹螯曾经被历代多少文人骚客所赞美。但是"吃主儿"却不是这样认为的。他在剥食的过程中，根据自己的感受和体验，得到了相反的结论。剥食蟹钳在剥食螯、腿各肢节中手法最复杂、食用最麻烦，当终于品尝到了费尽辛苦取得的钳体蟹肉时，不禁会大失所望。心中油然产生的是一种被愚弄的感觉。

蟹钳肉的甘美、肥腴程度远差于腹甲中的肉；它的滑润、细嫩程度又远逊于蟹腿中的肉。就是在蟹螯的三个肢节中，蟹钳里的蟹肉比其他两节又显得粗糙，它是全蟹之中口感、品质最差的部分。

腿螯食毕，壳体已晾得不至于烫手了。先把脐盖完整地从腹甲上掰下来，放在面前的盘子里，您会看见是否为肥蟹。如果是瘦蟹，脐盖内空瘪无物，肥蟹的脐盖里都是充满膏油的。把它放在盘子里不要扔弃，待会儿再吃。现在首要的是要先掀背甲。

说是掀开背甲，但是对于尖脐来说，"吃主儿"的手法是掀开腹甲。因为尖脐肥蟹的腹甲一面，腹腔中充盈着被人们称为蟹油的白色半透明胶状物。由于肥蟹的蟹油特别充盈，已经溢出腹腔两边腹甲的平面，堆积着把那两块腹甲靠近腹腔的边缘都覆盖住了，并向背甲方向凸突着。而尖脐特有的蟹黄覆盖在腹甲蟹油上和背甲沙囊的囊膜之外，是一种味道极其鲜美的橘黄色的黏稠油状物，在掀开壳甲时极易外溢，造成浪费。"吃主儿"在剥食螃蟹的过程中是最不愿意发生浪费现象的，所以用他们特有的手法格外小心地掀开腹甲。

掀起腹甲后，先托起腹甲。腹甲顶端清晰可见的是蟹口的半片，蟹口在掀开腹甲时已从中间分成两个半片，半片在这儿，另半片在蟹的背甲上。用手掰掉腹甲上那半片蟹口。

在腹腔两侧腹甲上两排软绵绵的眉毛状的东西，我们管这个东西叫"草牙子"或者称之为"蟹鳃"，要仔细尽数去掉。谁要把它吃了，非病不可。在两排"草牙子"的下面各有一块白色圆角状软肉样的东西。也不能吃，必须去掉。

下一步就是应找到我们称之为蟹的心脏的那块大寒之物了。位于腹腔之中那块五角形白色的软肉绝不能吃，这是所有吃蟹人所共知的。它的形状是"⬠"。如果是一般品级的螃蟹找到它是轻而易举的。但是在肥蟹中找到它有时还要费一番周折。这种情况一般都发生在特肥的肥蟹身上，是因为心脏在蟹油的挤压下变了形。变形分为两种情况：其一是撕裂或者断裂；另一种情况是心脏被蟹油挤压成薄薄的延展片。只需用"爪尖"在腹腔心脏原来位置的两侧轻拨蟹油，就能找到。

其实，在"吃主儿"未掀开壳体时已知道剥食的这只蟹属于极肥上品蟹。确切地说，他早在掰第一条蟹腿时，就知道他赶上了极肥的螃蟹。螃蟹松绑之后，他熟练地开始掰蟹腿了。他的手法不会有技术问题，可是掰下来的蟹螯和蟹腿只是连同"关节"从壳体上掰下来，并未带出一点儿蟹肉。带出来的只有每条螯或腿前面关节上长的那两条白筋。

他并不着急，不但不急反而窃喜。他知道他剥食的就是肥蟹中的最上品极肥蟹。

当时买蟹的人经验再丰富也不敢保证买的每一只蟹都是这种最上品的极肥蟹。因为当时买到硕大肥蟹虽非难事，但是螃蟹被逮之后，装包、运输、上市过程中消耗自身是必然的。再肥的蟹也不能不受影响。任何动物在失去自由以后，整个儿机体不可能保持自由生活在自然环境中的强健状态。能买到极肥蟹只有一种可能，就是碰上了从被逮，到蒸熟之间时间最短、消耗最少的螃蟹。

这回让这位"吃主儿"赶上了。这是因为极肥蟹的蟹腿、蟹螯的壳内包裹在蟹肉外临壳内壁的那层黑色的肉外膜，被满壳的蟹肉紧紧挤压在壳壁上，严丝合缝，没有余地把它们抽出来。

剥食极肥蟹的螯，先把"关节"咬掉，再把它分为"蟹钳"、"钳把儿"和"三棱儿"三部分。剥食蟹钳要先把一片钳刃从钳体上掰下来，要用牙把这条钳刃下方环状封闭钳壳咬开，两手分持往两边一掰，把整个儿钳中的蟹肉剥出来。"钳把儿"和"三棱儿"只需用牙把边咬掉，两手一掰就能把里面的蟹肉剥出来。

挑出了心脏，就先吃背甲吧。他用左手托着背甲，右手拇指按在背甲上沿边半片蟹口上向下一按，蟹口和沙囊一齐从背甲上断裂下来，落在背甲里面。用指尖捏着蟹口，把这一大块沾满蟹油的混合体提溜出来，放在作料碗里蘸了蘸，放在口中唼食，鲜香无比。

值得注意的是，唼食这部分可得悠着劲儿，千万不可不管不顾，那样会把沙囊外半透明囊膜唼破。沙囊中如有沙就唼出一口泥沙，即使沙囊内无沙也可能把舌头扎破。唼完上面的蟹黄之后，从口中拿出来，依然是看不出沙囊的本来面目。在囊膜的外面还有一层如熟鸡蛋清状的可食物凝结其上，用"爪尖"的尖轻轻把它拨下来，囊膜终于显露出来。若是仔细看，囊膜并不是一个平面，紧贴膜壁的是一条条白色的蟹肉。如若不嫌费事还可以细细挑拨下来吃掉。

下一步手托背甲，倒入作料汁，捧甲为盏倾倒口中，流质的蟹黄、胶状的蟹油，均入口中。之后，但见背甲内壁靠近甲沿内侧，固定在背甲内壁上，仍有黄白相间的凝膏块，用"爪尖"轻轻沿壁细拨慢挑，方能吃尽。

下面该剥食腹甲了。用手平托起腹甲，先用牙把腹甲最顶部咬掉。再用双手分别捏紧腹甲的两侧向后掰去，把整个儿腹甲掰成带着很多蟹油的两块。在掰腹甲时必须咬去顶端，如果不咬掉，是不可能这么整齐地把它掰成两块的。

下一步是挑出蟹肠。蟹肠在其中一块腹甲的蟹油中。肠内满是排泄物，挑这样的蟹肠，要用"爪尖"从蟹肠的旁边并排平行陷入蟹油之中，平移爪尖深入蟹肠之下，轻轻上抬把蟹肠带出来丢弃。这样虽损失一些蟹油，但只是损失一点点而已，如果用"爪尖"的尖挑出蟹肠，就会把蟹肠中的污物从蟹肠的两端挤压出来，污染整块蟹油，那就得不偿失了。

本来，掀腹甲之后，先吃背甲或先吃腹甲是随心所欲的。但是，蟹油在全蟹之中，甚至在尖团两脐之中，是任何部分无法与之相媲美的最美味、最醇厚的部分。如果先吃蟹油，后吃蟹黄，在吃完蟹油之后，必然觉得蟹黄淡而无味。但蟹黄本身也是不可多得的美味，先体会蟹黄，后体会蟹油可谓锦上添花。

　　现在，"吃主儿"该剥食腹甲中的蟹肉了。先拿起一块已无蟹油的腹甲块，把腹腔一边掰断时残留的底部腹甲碎片咬掉，进而把这一截面突出部分的蟹甲咬平，使这块蟹甲原先有蟹油的那面成为一个平截面。再把这块蟹甲的外侧咬成平面。外侧如果有螯、腿"关节"，当在清除之列。但是此时去掉这些关节已无方向要求。到了这一步已经无所谓了。再把这块蟹甲块以腹腔面为下横立放在口中，用牙在横向截面中线上一咬，把这块腹甲块平分成两片。这被平分的两片还不太一样。其中一片，底部腹甲壁相连为平面，整体形状为不规则的平槽，有四条纵向骨质截板，把平槽分成五条通道，白色的蟹肉充满每条通道。这位"吃主儿"先用"小腿"把蟹肉顺槽向外拨，在槽的底部用"小腿"够不着的地方，改用"爪尖"细拨，直至拨净吃完。那片腹甲片干净完整地摆在面前。另一片腹甲片的轮廓与前一片相似，但是它的上面却有蟹肉和腹甲块内骨质截板残片混杂在一起。用牙在这片腹甲片的表面轻轻把那些混杂物咬下来，使它成为平面。这回一目了然了，这块腹甲片与上块完全一样，剥食方法同前。

　　到了这时，一只螃蟹基本上就剥食完了，剩下的只有脐盖。如果是肥蟹，蟹肠的两侧还会有两条蟹油。用"爪尖"挑起脐内膜，把这块内膜撕下来。脐盖内面就暴露在眼前了。用"爪尖"在蟹肠两侧轻轻顺着蟹肠把蟹油刮挑下来。如果稍不注意就会把蟹肠挑破，前功尽弃。他吃这部分未免有卖弄技巧之嫌。您想，紧贴在蟹肠的蟹油，不食也罢，但是以前确实有人用这种方法剥食这个部分，介绍给您，以示全面。

至于食用团脐，螯腿部分和剥食尖脐基本相同，所不同的是食用的顺序不甚相同。剥食团脐的顺序一般是在掰掉螯腿之后，先吃壳体，这是因为一般团脐小于尖脐，蟹体小，螯腿必然小。再者团脐螯肉、腿肉甚至腹甲中的蟹肉的口感都逊于尖脐，肉质偏老，而且口感欠佳。另外团脐的螯在全蟹比例之中远不如尖脐。如果是肥蟹或者是极肥蟹，全蟹壳体坚硬，又硬又细小的螯腿剥食又怎能顺手？若是瘦蟹，螯腿干瘪又有什么吃头？还不如留下剥蟹粉另作他用。

掌握了这套剥食方法，任何螃蟹就都会剥了，其中当然也包括剥食海蟹及其他蟹种。螃蟹是吃完了，可是吃蟹的全过程都还没有完。手得用温水和肥皂透透洗干净了，要不然手上的腥味儿可去不掉。至于用茶叶、菊花瓣等等洗手，家里没用过，效果如何也不得而知。但是用肥皂、香皂的起码要洗三五遍，否则那双手上的腥味儿还真下不去。

把事先预备好的姜糖水坐在火上热热，趁着热一人来上一大碗，暖暖胃，这才算真正地吃完了螃蟹。

值得说明的是，现在市场上的河蟹全部都是养殖蟹了。当年全国许许多多著名的产蟹区，已经没有野生螃蟹了。就北京而言，高粱红大螃蟹、胜芳大蟹已断档多年，"大闸蟹"已成为河蟹的代名词了，而且不管是否是阳澄湖原产的，价格也都不菲。但是话得从两头说，如果以前不会剥食螃蟹，胡嚼乱咬一气，倒也无所谓，价钱低廉嘛，吃着点味，也就得了。现在，这可是高档食品呀，有个机会吃几只新蒸的螃蟹，要是会剥，剥得干净，也对得起自己呀，起码没白花钱不是。

吃蟹的禁忌

至于吃蟹的禁忌，老年间就有。螃蟹似乎不能和什么东西一块吃，是在讲的。为什么？父亲、张奶奶也说不出一个确切的解释，不能吃就是不能吃！再者了，这么美味的东西刚吃完，有必要再来点那犯忌的东西吗？

吃螃蟹和吃有的东西不同。有的东西一天三顿都吃它绝无问题。打个比方，早、中、晚三顿都是米饭是很平常的事。可是螃蟹却不行。螃蟹毕竟是大寒之物，而且不易消化，要食之有度，真吃多了也消化不了，还有什么乐趣可言？

吃完了螃蟹，还得注意下一顿吃什么，这还真有讲究。起码没有一天之中上午也吃，下午也吃的，甚至没有今天也吃，明天也吃的。吃蟹粉菜倒没什么明显禁忌，它有大量的配菜和主食，和吃蒸蟹的情况大不相同。

上顿吃了螃蟹，下顿吃点清淡的、好消化的，吃点菜汤，吃点热汤儿面，第二天再吃点别的，就无大碍了。要是不注意这点，中午吃螃蟹，晚上来顿烤鸭，那还能消化得了吗？

家里做的蟹粉菜

这么吃对健康来讲，符合养生。可是还有一个问题不能不注意。作为"吃主儿"在讲的：讲究不糟践东西。吃蒸蟹时，剩下的螯、腿、壳甲，甚至是蒸熟了的整蟹，总不能因为这两天不吃了，就全给它扔了吧？这说的还是已经蒸熟了的。可是当年吃蒸蟹买的时候不会可丁可卯，总要多买几只，一来是眼大肚子小，总怕不够吃，二来当年这东西不是贵物儿，多买几只也算不了什么。可在吃的时候就显出来了，捆好了，还未上笼，就吃饱了，怎么办呢？把它养起来，过个三天五天再吃？备不住要是死了，不就亏了吗？再者了，您把它养起来，是人的想法，对螃蟹来讲，是把它囚禁起来。买的时候，这"顶盖肥"的极品蟹，几天之后，膏也少了，腿也瘪了，还不如趁新鲜把它蒸了。这不是矛盾吗？剩下的"零件"都吃不了了，再把整个儿的蒸了，谁吃呀？这事要是搁在别人身上可能就没辙了。您别忘了，这不是"吃主儿"吗，他们什么主意没有哇！

剥蟹粉

掌握了剥食螃蟹的方法以后，剥蟹粉已不再是难事，但是剥蟹粉和剥食螃蟹还有区别。区别在于剥蟹粉时只能用手或借助工具，绝不能用口嗑、用牙咬，那样儿太不卫生了。

剥蟹粉之前要先把手洗干净，再预备有关的工具和用具。要准备菜刀、砧板、剪刀、筷子、竹片和盛装蟹粉的大碗，以及放蟹皮的大盘子。如果还剩有活蟹，应先把它蒸熟，趁热先剥，剩蟹后剥。这是因为在剥蟹粉过程中，剥热蟹易，剥冷蟹难。同是一只螃蟹，热时有些部位像壳体背甲里的蟹黄、腹甲中的蟹肉很容易就被刮出。但蟹冷之后，蟹黄、蟹油往往凝在背甲、腹甲之中，不易刮挑干净。另外在那些螯腿可抽出蟹肉的部分，蟹冷之后有时也抽不出来。这还不是因为蟹肥的缘故，而是蟹冷之后似乎各部分都僵硬了，增加了剥蟹难度。所以一般家庭都是趁热剥蟹的，至于饭馆则以营业为宗旨，大约没有这种讲究。

制蟹油

剥完蟹粉之后，可以用它做一种叫作"蟹油"的食品。这种做法对北方人来讲，知道的人甚少，可在江南产蟹区是一种相当常见的家常吃法。

具体做法是，用猪板油切丁炼猪油，捞尽油渣之后，离火晾温。把蟹粉入温油中，加盐。锅坐火上重新加热。加热时用锅铲抄抄底，不要让蟹粉巴锅，但也无须来回翻炒，否则蟹黄蟹肉都弄碎了，反而不好。等蟹粉和猪油成为一体，烧沸后，开一会儿，就倒入事先准备好的洁净的罐子里，以猪油没过蟹粉寸许为度，自然冷却。上面凝成一层厚厚的冷猪油，把蟹粉完全封在猪油之下。找个盘子把罐子盖严，放在阴凉干燥处，如果保存得当，到第二年的春节也不会变质。

这东西有什么用呢？它用处可大了。"蟹油面"可用它，做"蟹黄包子"可用它，做一切蟹粉的菜都可以用它。

用油菜和白菜做热汤儿面的时候，都是先用油加葱姜煸锅，把切好的菜倒在锅里煸炒。菜熟之后加水煮成汤，把面条下在汤里，面熟了再㧑一两勺蟹油，起一个提味的作用。要嫌油腻甚至可以把煸锅这步省了，直接白水煮菜再加蟹油亦可。

蟹黄包子也能用它。把肉先斩成蓉，加葱姜末儿、盐、绍酒，先别加油，㧑两勺蟹油一起拌。但是在蟹油拌馅儿前，还要把它稍稍加热，把蟹粉从油里夹出来，用刀切碎了再拌，否则块太大也没法拌。

至于做蟹粉狮子头也无问题。但它做出来，肯定不能和用现蒸现剥蟹粉做的相比了，但是它毕竟是蟹粉呀，总比替代品强吧。

用它的地方甚为广泛，想怎么吃都行。可是无论哪次，把它从罐子里㧑出来时都要注意，用洁净的勺子㧑，㧑完用勺子把猪油盖在蟹粉上，盖严了盖儿再收。如有一次没注意，满罐子蟹油就会全变质了。

物以稀为贵。在市场上有螃蟹时，人们一般很少会想起这罐子东西，很少想用它做点什么。等天也冷了，螃蟹也没卖的了，才会想起这儿还有蟹油呢。

制作蟹油有个先决条件，蟹粉剩得多，用这个方法做，没把它糟践了。如果蟹粉没剩多少，做这个也值不当的。难道就没有别的办法了吗？作为"吃主儿"还有不能做的东西吗？用它做"蟹粉烧白菜"不就行了吗？

蟹粉烧白菜和栗子烧白菜

这款菜虽然用了蟹粉，但是成菜非常清淡。具体做法是，大白菜一棵，去根，剥几层外皮，洗洗对剥两半后，切成细丝，切完后再竖着断开几刀，使菜丝不至于太长。切姜片儿、葱丝。

锅坐火上，加底油煸葱姜，先下菜帮，加一点盐，煸炒。加的这点盐，用它调味是不够的，它的作用最主要的是使白菜丝塌秧。您想呀，一整棵白菜帮子丝，那有多少呢？冒尖一锅，不用盐杀杀也没法翻炒呀。可是杀下点汤去也不那么好翻个儿，不注意就能把它翻到锅外头去。"吃主儿"要炒不会有这种情况，因为他有技巧。他用锅铲从锅边慢慢地沿着锅壁铲到了锅底，轻轻地抬起锅铲，锅铲旁边的菜丝从其他地方滑落在刚才下锅铲的地方。等这一下抬完了之后，换一个角度再来一回，有那么五六回后，就把锅上面没煸着的菜丝全翻到底下去了。再过一会儿，菜帮中的汤出多点了，也好翻多了，把菜叶丝再下到锅里，用刚才的办法，把菜叶也倒到底下去受热。

等菜叶丝也煸得差不多了，加酱油、糖、蟹粉一块煸，加绍酒、再加点盐调味，加味精后端锅离火，盛在大碗中，因为它出的汤就太多了，无法盛在盘子里。

这款菜确实有蟹粉，可它配的是一整棵白菜，它还腻吗？要是头天没吃螃蟹，今天光吃这么个菜，它有什么蟹粉味儿？正因为这个原因，虽然它也是用蟹粉做的菜，但是却不能称之为蟹粉菜。饭馆没有这么做的。

这款菜是父亲他们根据饭馆里的"栗子烧白菜"改制的。但真正的栗子烧白菜至多用少半棵菜，讲究把白菜切块过油，把菜煸软，加入事先蒸熟的栗子，加盐、糖、绍酒、高汤、味精烧成的。过油，油当然要多，为的是白菜在热油中迅速断生变软，随着锅中的油热度升高，水分蒸发了，锅里的汤也不会过多了。做出来当然是漂亮了，可是同时它也油腻了。在吃蟹的次日，再吃这么做的，未免不好消化。

蛋炒蟹肉

如果剥出的蟹粉只是蟹肉了，那无论多少都不能制作蟹油，因为蟹油所用的都是要有蟹黄的，才显得鲜美，不妨用它炒鸡蛋，也有个名叫作"蛋炒蟹肉"。

把这些蟹肉切碎了，磕上三四个鸡蛋，把蟹肉末儿加在蛋液里，打匀了加点盐，按炒鸡蛋的方法加点姜末儿一炒就行了。可是蟹粉要加得适量，否则就成了干煸蟹肉了，又柴又干，反而不好吃了。

这些个菜虽然都是用吃剩下的下脚料制作的，但是真正在制作中依然体现着"量材治馔"的原则，否则也好吃不了。

清炒蟹粉

张奶奶会做的蟹粉菜可是不少，"清炒蟹粉"是按江苏菜的做法制作的，这个菜非常好做。锅坐在火上，加熟猪油化开，油稍热加葱末儿，炸出香味，倒入蟹粉，炒炒，加绍酒、盐、糖、姜末儿、鸡清汤，汤煮开后盖上锅盖，改小火焖两分钟，再把它放在旺火上用水淀粉勾芡，即可端锅离火盛盘。

这个菜制作倒很容易，但是这个菜里头加了"鸡清汤"，众所周知，高汤是中国菜肴的基础，做菜讲究的就是高汤。可是碰上认为唯有螃蟹是最美味的我，非但没有认为高汤在这款菜中的提鲜作用，反而认为它画蛇添足。

后来我才知道，凡是爱吃蒸螃蟹的人，一般都会对用蟹粉制作的菜肴不屑一顾。父亲也是如此。别瞧他会做多款蟹粉菜，但那却是做给祖父食用，做给他的亲朋好友食用，而他自己是不喜欢食用的。祖父年事已高，您还让他自己动手剥蟹吗？那当然不能。爱吃这口儿，就只能吃点用蟹粉制作的菜肴吧。

酿蟹斗

张奶奶常说的一句话是："家里的菜馆子里做不了，馆子里的菜家里做不了。"她在这里说的无非是酿蟹斗、蟹黄鱼翅之类。其实这两款菜家里也并非做不了，只不过觉得没有必要罢了。

前款确是江苏名馔，它是在清炒蟹粉的基础上发展起来的。制作时要把蟹背甲洗刷干净，再用沸水烫过，晾凉晾干，把蟹粉炒出来，放在背甲之中，再用蛋清抽打发泡，放在事先涂抹猪油的盘中，用火腿末儿、香菜叶在上面摆上花，放入蒸笼蒸熟，再盖在盛满蟹粉的背甲上。最后用鸡清汤加味精在锅中煮沸，加水淀粉勾芡，倒在蒸熟的蛋清上。这款菜这么做无非是增加美感，就口感而言，还不如直接吃清炒蟹粉呢。再者了，这款菜一般在宴席上出现，做蟹斗也不能做一个两个，至少也应该做八个以上。家里吃饭的人不就这俩人吗，有什么必要呢？

后款那鱼翅，要想发制多麻烦哪，螃蟹当令，就吃点蟹粉菜就行了，找那麻烦干什么呀？要是真做这个菜，做多少合适？多了吃不了，少了也得这么费劲。所以如果不是宴客是不会制作的，而真是在宴客中，也只可以做前款，后款太没必要了。真想吃，去馆子不比家里方便。

清炖蟹粉狮子头

据张奶奶说，清炖蟹粉狮子头也是父亲教她的。这么多年来，不知做过多少遍了，已经到了轻车熟路、信手拈来的程度。

张奶奶先让玉爷买几只肥蟹，洗刷干净之后上笼蒸二十分钟取出。事先把虾子挑去杂质放在小碗里，倒入绍酒，也上蒸笼蒸好。把猪硬肋条肉——要求肥肉部分占六成，瘦肉部分占四成，用刀切成石榴籽大小，绝对不能剁。再把大白菜去掉外帮，再多去几层，挑选色白的大菜叶洗干净备用。

　　下一步剥蟹粉。然后把切好的肉粒、剥出的蟹粉、蒸好的虾子以及盐、糖、绍酒、干淀粉和葱姜水倒在大碗中。其中这个"葱姜水"是把葱一段竖着切成丝，姜一块去皮，用刀平面拍酥，一起放在碗中，加适量的水，浸泡十五分钟，把葱、姜捞出去弃之，剩下的为葱姜水。这个菜不加葱姜末儿而必须加葱姜水是有讲究的，是为了不使葱姜的细末儿混在狮子头里影响口感（这种对作料"取其味、去其渣"的方式广泛用于多款菜肴之中，如芫爆肉片儿中的花椒水，其作用也是一样）。

　　因为这款菜是按镇江、扬州正宗做法制作的，肉不是剁成肉末儿，而是切成石榴籽大小的碎丁，如果不用盐、水以及淀粉搅拌上了劲儿，它也无法团成丸子，团成了丸子也会散掉。

　　再用砂锅一个，把洗好的白菜心用油煸过后在砂锅中垫底，再把团好的狮子头放在菜心之上，最上面用洗干净的白菜叶覆盖，盖上砂锅的锅盖。放置旺火上，煮沸后再移到小火上焖四十分钟，端砂锅离火。掀开锅盖挑去上面的菜叶，一个个狮子头呈现在您的眼前。成菜糯软鲜嫩，要用调羹扡食。

　　张奶奶说这种狮子头是按照镇江、扬州一带的做法烹制的，不讲究加酱油，也不在肉中添加山药等物，全以淀粉抱团用微火焖制。尤其是在狮子头上面盖着那几张白菜叶，使它在锅盖中又增添一层"菜锅盖"。

这南边菜还真跟北京菜不一样。北京要做狮子头哪儿有不搁酱油的？一个地方一个样。

北京土话会不会无关紧要了

　　任何讲述餐饮的书，要把所有的菜品全部囊括进去是不可能的。我家的家常菜，更无法一一加以介绍，因为我这三位至亲都是"吃主儿"，做东西讲究随心所欲，想怎么做就怎么做。有条件时做，没条件时创造条件还要去做。做出来的东西可能不是名馔，但绝对是美味。

　　父亲当年从干校回北京时，行李中有一个旧铝锅，那是个名副其实的破锅，锅耳已残缺不全了，整个儿锅底、外壁都被烟火熏得黑黢黢的。可是父亲就是用这口锅在干校牛棚外的空地上焯他在放牛时采来的野荠菜，加点儿盐拌食；还用这口锅烹制过干烧鳜鱼。就这么一口锅，烹制的不便可想而知。更不便的是没有灶。父亲用四块砖头搭了个简易灶——地下平摆两块，另外两块立在两侧，用挖来拾来的竹根当燃料，烹制他喜欢吃的菜，做他喜欢做的事……

至于"吃主儿"这个称谓，不过是旧时北京对这些好吃会吃、会买会做的人的一种称谓。限于历史原因，在北京土话中习惯这么说而已。这个称谓雅不雅，好听不好听，就由它去吧。

老北京土话是一种消亡的语言，会不会的也无关紧要了。虽然这种语言我听着亲切，并且念念不忘，时常还叨念几句，那是因为当年和我说这些话的人是我最亲近的长辈，是我最可依赖的老人。它能随时随地地勾起我对亲人的思念，对童年的回忆。

后　记

　　《吃主儿》已经脱稿了，近日即将和读者见面了。如果读者认为本书还值得一看，无疑是我最大的荣幸。

　　在本书中，本人向读者讲述的是我儿时的一些生活片段以及我亲身经历的一些往事。在二十世纪五六十年代的北京，我生活在一个较为特殊的环境之中，我的那三位至亲都是"吃主儿"。我和他们生活在一起，在某些方面，尤其是在餐饮方面的一些经历，不同于我的同辈人。

　　本书虽然较为详尽地介绍了当年家里制作的上百种家常菜、甜品、小吃和饮料，但是如果把本书仅仅看成是一本菜谱就太片面了。因为"吃主儿"认为，只有选用最合适的原料才能制作出最精美的菜肴；换言之，如果没有了合适的原料，做出来的东西也好吃不了。

　　几十年过去了，当年制作的某些菜肴的原料已经从市场上消失了，且不要说按照以前的做法去仿制，就是"吃主儿"本人也不能做出和以前一个味儿的东西了。如此看来，《吃主儿》与其说它是一本介绍餐饮方面的书，不如说它是对"吃主儿"饮食生活的记录。

可是，倘若真的这样看待这本书，那可真是违背了本人的初衷了。那是因为不同时代有不同的"吃主儿"，他们可以在不同的环境中遵循"兼收并蓄，为我所用"的原则，用不同的原料制作不同的菜肴。可有一点，他们亲手实践的信念是不会改变的。

对于"吃主儿"来讲，没有办不到的事儿，市场变化大，那是好事儿。以前没见过的那么多蔬菜、鱼类、肉类以及全国各地乃至世界各国进口的、引种的各类食品，都出现在北京的市场上，这还不是天大的好事！

没吃过的、没见过的怕什么，随心所欲地用吧，只有探索求新，才有可能制作出精美的菜肴。

如果您能听我的，不妨亲自试一试，身临其境体会体会。说不准，再过二年，我还把您尊称为"吃主儿"了哪。

王敦煌
二〇〇五年三月